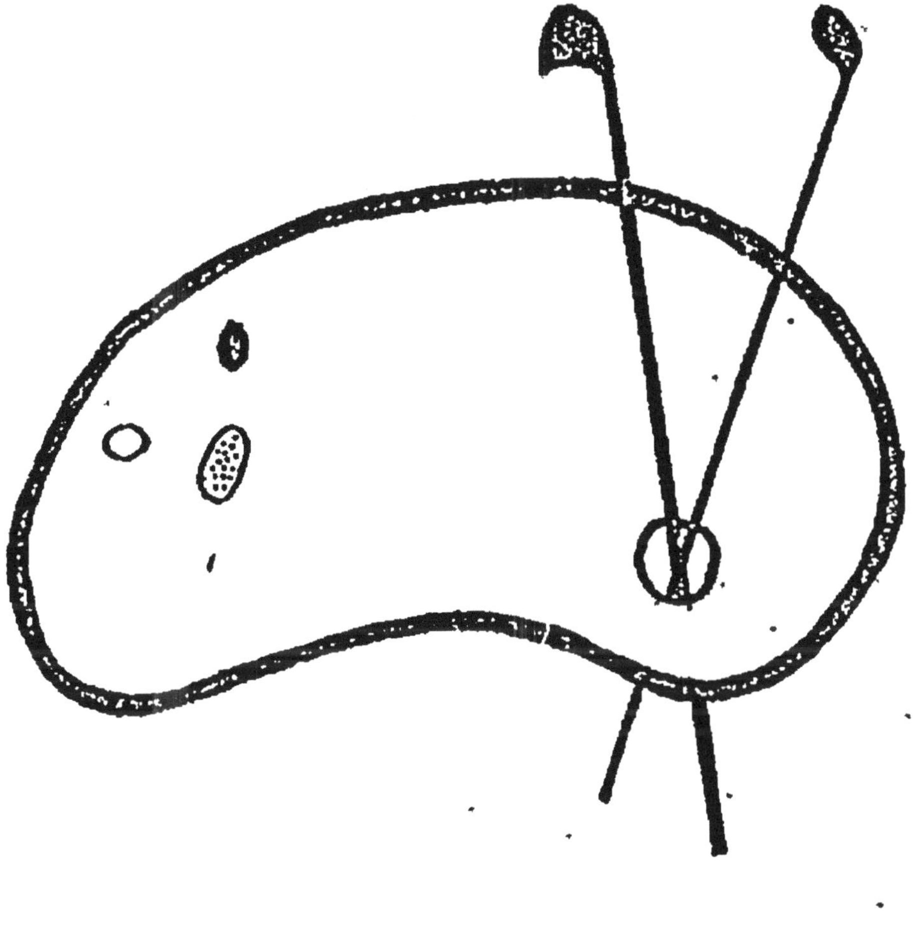

DEBUT D'UNE SERIE DE DOCUMENTS
EN COULEUR

CLASSIQUES DE LA SCIENCE

Publiés sous la direction de MM

ABRAHAM H GAUTIER H LE CHATELIER J LEMOINE

IV

MOLÉCULES ATOMES ET NOTATIONS CHIMIQUES

MEMOIRES

de

GAY LUSSAC — AVOGADRO — AMPÈRE
DUMAS — GAUDIN — GERHARDT

LIBRAIRIE ARMAND COLIN
103 BOULEVARD SAINT MICHEL PARIS

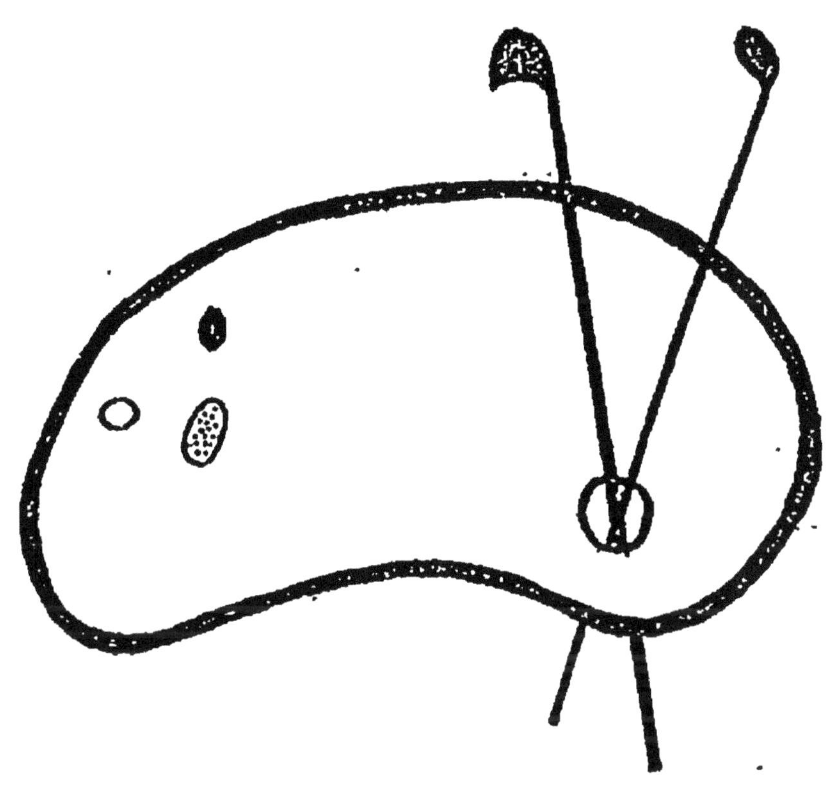

FIN D'UNE SERIE DE DOCUMENTS
EN COULEUR

IV

MOLÉCULES ATOMES ET NOTATIONS CHIMIQUES

(Volume préparé par M. HENRY LE CHATELIER.)

LIBRAIRIE ARMAND COLIN

LES CLASSIQUES DE LA SCIENCE

Publiés sous la direction de MM.

H. ABRAHAM, H. GAUTIER, H. LE CHATELIER, J. LEMOINE

Ont paru :

I. **L'Air, l'Acide carbonique et l'Eau** : Mémoires de DUMAS, STAS et BOUSSINGAULT. Un vol. in-8°, 4 planches *hors texte*, 1 gravure dans le texte, broché . . . . 1 fr. 30

II. **Mesure de la vitesse de la lumière. Étude optique des surfaces** : Mémoires de LÉON FOUCAULT. Un vol. in-8°, 3 planches *hors texte*, 5 gravures dans le texte, broché . . . . 1 fr. 30

III. **Eau oxygénée et Ozone** : Mémoires de THÉNARD, SCHOENBEIN, DE MARIGNAC, SORET, TROOST, HAUTEFEUILLE, CHAPPUIS. Un vol. in-8°, 1 planche *hors texte*, broché . . 1 fr. 20

IV. **Molécules, Atomes et Notations chimiques** : Mémoires de GAY-LUSSAC, AVOGADRO, AMPÈRE, DUMAS, GAUDIN et GERHARDT. Un volume in-8°, 1 planche *hors texte*, broché . . . . 1 fr. 20

Pour paraître :

V. **La Lumière** : Mémoire de FRESNEL.

VI. **Fusion du platine et dissociation** : Mémoires de SAINTE-CLAIRE DEVILLE.

VII. **Le Fluor. Les Fluorures de phosphore et de carbone** : Mémoires de MOISSAN.

VIII. **Coefficients de dilatation des gaz** : Mémoires de REGNAULT.

IX. **Électricité** : Mémoires de COULOMB.

X. **Composition de l'air et de l'eau** : Mémoires de LAVOISIER.

XI. **Calorimétrie** : Mémoires de DULONG et PETIT.

XII. **Éthérification et synthèse organique** : Mémoires de BERTHELOT.

LES CLASSIQUES DE LA SCIENCE

Publiés sous la direction de MM.

H. ABRAHAM, H. GAUTIER, H. LE CHATELIER, J. LEMOINE

IV

MOLÉCULES ATOMES ET NOTATIONS CHIMIQUES

MÉMOIRES

de

GAY-LUSSAC — AVOGADRO — AMPÈRE
DUMAS — GAUDIN — GERHARDT

Avec 1 planche hors texte.

LIBRAIRIE ARMAND COLIN

103, BOULEVARD SAINT-MICHEL, PARIS

1913

AVERTISSEMENT

En publiant la collection des *Classiques de la Science*, nous espérons être utiles à tous ceux que la Physique et la Chimie intéressent, aux professeurs, aux étudiants des grandes Écoles et des Facultés, aux élèves des classes de l'Enseignement secondaire.

Notre intention est de présenter successivement au public scientifique les mémoires fondamentaux dus aux savants français et étrangers qui ont ouvert les grands chapitres de la science.

Chacun des volumes de la collection comprendra soit divers mémoires d'un seul savant, soit des mémoires de plusieurs auteurs se rapportant à un même ordre d'idées.

La Société française de Physique a fait réimprimer, d'une façon luxueuse, les œuvres de quelques physiciens français (Ampère, Coulomb, Becquerel, Curie, etc.). En Allemagne, Ostwald a publié, dans sa langue, de nombreux mémoires dus à des chimistes et des physiciens de diverses nationalités.

Nous voulons réaliser de même, dans un but d'intérêt général, une édition française à bon marché, facilement accessible au grand nombre. Nous le faisons d'une façon absolument désintéressée, ce qui nous a permis de demander aux éditeurs des sacrifices correspondants. Auteurs et éditeurs espèrent que le public, par l'accueil qu'il fera à ces classiques, leur apportera la preuve que la publication répondait bien à une nécessité.

Cette publication paraît d'ailleurs être la réalisation d'un vœu que l'on trouve souvent formulé par de nombreux écrivains qui ont recommandé la lecture des mémoires originaux comme le meilleur moyen de développer chez les étudiants l'esprit scientifique, tout en contribuant aussi à leur culture littéraire. Nous donnons ci-dessous quelques citations de savants qui nous paraissent avoir encouragé à l'avance notre tentative.

Le Comité de Publication :

H. Abraham, H. Gautier,
H. Le Chatelier, J. Lemoine.

Éloge historique d'Alexandre Volta.

Par François ARAGO,

Secrétaire perpétuel de l'Académie des Sciences.

(Lu à la séance publique du 26 juillet 1833.)

«... La lettre à Lichtenberg, en date de 1786, dans laquelle Volta établit par de nombreuses expériences les propriétés des électromètres à paille, renferme sur les moyens de rendre ces instruments comparables, sur la mesure des plus fortes charges, sur certaines combinaisons de l'électromètre et du condensateur, des vues intéressantes dont on est étonné de ne trouver aucune trace dans les ouvrages les plus récents. Cette lettre ne saurait être trop recommandée aux jeunes physiciens. Elle les initiera à l'art si difficile des expériences ; elle leur apprendra à se défier des premiers aperçus, à varier sans cesse la forme des appareils ; et si une imagination impatiente devait leur faire abandonner la voie lente, mais certaine, de l'observation, pour de séduisantes rêveries, peut-être seront-ils arrêtés sur ce terrain glissant en voyant un homme de génie qu'aucun détail ne rebutait. Et d'ailleurs à une époque où, sauf quelques honorables exceptions, la publication d'un livre est une opération purement mercantile ; où les traités de science, surtout, taillés sur le même patron, ne diffèrent entre eux que par des nuances de rédaction souvent imperceptibles ; où chaque auteur néglige bien scrupuleusement toutes les expériences, toutes les théories, tous les instruments que son prédécesseur immédiat a oubliés ou méconnus, on accomplit, je crois, un devoir en dirigeant l'attention des commençants vers les sources originales. C'est là, et là seulement, qu'ils puiseront d'importants sujets de recherches ; c'est là qu'ils trouveront l'histoire fidèle des découvertes, qu'ils apprendront à distinguer clairement le vrai de l'incertain, à se défier enfin, des théories hasardées que les compilateurs sans discernement adoptent avec une aveugle confiance... »

(*Ann. de Phys. et Chim.* [2], LIV, 396, 1833.)

Les méthodes d'enseignement des sciences expérimentales.

Par Lucien POINCARÉ.

(*Conférence du Musée pédagogique*, 1904.)

«... Retenons aussi ce conseil de lire parfois aux élèves ce qu'ont écrit les grands savants eux-mêmes. Eh quoi ! dira-t-on, vous voudriez qu'on lût, au lycée, les mémoires originaux ; folle entreprise ! Ne sentez-vous pas que vous condamneriez ainsi les malheureux enfants déjà surmenés à une nourriture trop substantielle, qu'ils ne sauraient digérer, et qu'ils ne pourront absolument rien comprendre à un langage beaucoup trop élevé et trop compliqué pour leurs jeunes intelligences? Il y a ici, bien entendu, une question de tact, et l'on devra soigneusement régler la dose selon la mesure des intelligences à qui l'on s'adressera; mais qu'on vérifie par l'expérience, et l'on constatera que telle ou telle page écrite par un Pascal, un Arago ou un Berthelot, a, dans sa profondeur, plus de lumineuse clarté et plus de réelle simplicité que les chapitres correspondants de beaucoup de traités, dits élémentaires, où des auteurs, qui remontent rarement à la source et qui se copient souvent les uns les autres, ont reproduit, avec des déformations de plus en plus fâcheuses, la pensée première des inventeurs... »

L'enseignement scientifique général dans ses rapports avec l'industrie.

Par Henry LE CHATELIER.

« ... Pour développer cette activité individuelle, il faudrait que, dans les sciences expérimentales, comme cela existe pour les sciences mathématiques, les devoirs écrits, les travaux personnels des élèves tinssent une large place dans l'enseignement, et ne se réduisissent pas à quelques rares calculs mathématiques, le plus souvent dépourvus d'intérêt, sur telle ou telle question de physique. On pourrait faire analyser les mémoires scientifiques originaux qui sont restés classiques : ceux de Lavoisier, Gay-Lussac, Dumas, Sad Carnot, Regnault, Poinsot, en demandant de bien mettre en relief leurs points essentiels; faire discuter les avantages comparatifs de deux méthodes expérimentales ayant un même objet : celle du calorimètre à glace et du calorimètre à eau, par exemple; faire des programmes d'expériences pour des recherches sur un sujet donné : en un mot, imiter ce qui se fait avec beaucoup de raison dans l'enseignement littéraire. Avant tout, ce qu'il faudrait emprunter à cet enseignement est la lecture régulière des auteurs classiques. En apprenant dans un cours les résumés des expériences de Lavoisier ou de Dumas, on n'étudie pas mieux la science qu'on n'étudierait la poésie dramatique en apprenant des résumés des pièces de Corneille. A côté et autour des faits, il y a tout un cortège d'idées dans un cas, de sentiments et de mélodie dans l'autre, qui constituent bien plus que les faits matériels la science ou la poésie. Les résumés, bons pour la préparation aux examens, sont stériles pour le développement de l'esprit et de l'imagination... »

(*Revue générale des Sciences*, IX, 104, 1898.)

PRÉFACE

Ce volume renferme les mémoires fondamentaux qui ont conduit à la définition des poids moléculaires et atomiques, à la notation chimique universellement adoptées aujourd'hui. Remontant à une époque un peu reculée, ces mémoires présentent parfois à la lecture certaines obscurités. Les termes scientifiques ont changé d'acception ; par exemple nos atomes actuels étaient appelés par Avogadro, leur véritable père, molécules *élémentaires* et nos molécules, molécules *constituantes* pour les corps simples et molécules *intégrantes* pour les corps composés. Dumas employait indifféremment les expressions de *molécules*, *atomes* et *particules*, permutant souvent ces termes dans une même phrase par simple raison d'euphonie. A cette imprécision dans le langage correspondait d'ailleurs parfois une imprécision égale dans les idées. Une notion abstraite, une loi n'est pas fournie par l'expérimentation directe, elle n'en est jamais qu'une conséquence plus ou moins lointaine. Les efforts accumulés de nombreux penseurs et écrivains sont nécessaires pour la préciser et la vulgariser, pour lui donner une existence définitive. La distinction absolue entre l'atome et la molécule, quoique nettement formulée par Avogadro, n'a été définitivement comprise et adoptée par les chimistes que cinquante ans plus tard.

Pour faciliter la lecture de ces mémoires, on a mis en

notes ou intercalé entre parenthèses dans le texte un certain nombre d'indications relatives à la synonymie des termes employés, aux formules des composés chimiques mentionnés, aux valeurs exactes de certaines grandeurs numériques et enfin à des erreurs de fait, comme la complexité attribuée au chlore, que Gay-Lussac appelait le *gaz muriatique oxygéné*.

HENRY LE CHATELIER.

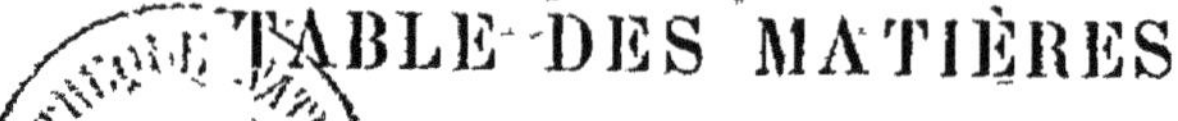

TABLE DES MATIÈRES

MOLÉCULES. ATOMES

ET NOTATIONS CHIMIQUES

MÉMOIRE

sur la combinaison des substances gazeuses les unes avec les autres.

Par M. GAY-LUSSAC.

(*Mémoires de la Société d'Arcueil*, t. II, p. 207 [1809].)

GAY-LUSSAC (Joseph-Louis) [1778-1850], né à Saint-Léonard (Haute-Vienne), s'est également rendu célèbre par ses travaux de physique et de chimie, par les importants perfectionnements qu'il apporta à différentes industries et par son enseignement qui groupa autour de lui de nombreux savants français et étrangers. Professeur de chimie à l'École polytechnique et au Muséum, professeur de physique à la Sorbonne, il remplissait en outre les fonctions de vérificateur à la Monnaie; il devint plus tard député, puis pair de France. La droiture de son caractère jointe à une science profonde lui donnait une influence prépondérante dans les nombreuses commissions administratives qui faisaient appel à ses lumières.

Sorti de l'École polytechnique dans le service des Ponts et Chaussées, il débuta en 1802, à l'âge de vingt-quatre ans, par son mémorable travail sur la dilatation des gaz. Il avait entrepris cette première étude sur les conseils de son maître Berthollet. Deux ans plus tard, il faisait, avec Biot, les deux célèbres ascensions aérostatiques où ils atteignirent la hauteur de 7.000 mètres, qui n'a guère été dépassée depuis. La même année il entrait à l'Académie des Sciences. Bientôt après, il étudiait avec Thénard les métaux alcalins récemment découverts par Davy; ses recherches se succèdent ensuite sans interruption. Parmi ses travaux de chimie les plus importants, on peut citer ses études sur les lois des combinaisons gazeuses, sur l'iode, sur les composés oxygénés du chlore, sur le cyanogène: en physique, il étudie l'hygrométrie, la capillarité, la mesure des hauteurs par le baromètre; dans l'industrie, il perfectionne la fabrication de l'acide sulfurique, il invente l'alcoomètre et précise les méthodes d'essai des matières d'or et d'argent. Son nom, attaché à de nombreuses lois, à de nombreux appareils, est toujours resté populaire.

Pour comprendre la diversité des travaux de Gay-Lussac, et d'ailleurs aussi celle d'un grand nombre de ses contemporains, il faut se rendre compte que les données accumulées par la science étant alors moins nombreuses qu'aujourd'hui, l'enseignement scientifique, surtout celui de l'École polytechnique, visait beaucoup plus à la formation scientifique de l'esprit qu'à l'acquisition de connaissances multiples, supposées plus ou moins utiles dans la vie. Les jeunes savants abordaient la science infiniment mieux armés pour la découverte qu'ils ne le sont aujourd'hui avec les connaissances de détail imposées par la spécialisation moderne.

H. L. C.

Le mémoire de Gay-Lussac sur les combinaisons gazeuses, qui est reproduit ici, a eu comme point de départ l'observation fortuite que l'hydrogène et l'oxygène se combinent pour former de l'eau dans la proportion de deux volumes du premier gaz pour un volume du second. Frappé par cette relation très simple, Gay-Lussac s'est demandé si les combinaisons des autres corps gazeux ne donneraient pas des résultats analogues. L'expérience a vérifié cette supposition et le mémoire en question reproduit, sans aucun commentaire théorique, les résultats obtenus.

Les corps possèdent à l'état solide, liquide, ou gazeux, des propriétés qui sont indépendantes de la force de cohésion ; mais ils en ont aussi d'autres qui paraissent modifiées par cette force, très variable dans son intensité, et qui dès lors ne suivent plus aucune loi régulière. La même compression appliquée à toutes les substances solides ou liquides produirait une diminution de volume différente pour chacune d'elles, tandis qu'elle serait égale pour tous les fluides élastiques. De même, la chaleur dilate tous les corps ; mais les dilatations des liquides et des solides n'ont offert jusqu'à présent aucune loi régulière, et il n'y a encore que celles des fluides élastiques qui soient égales et indépendantes de la nature de chaque gaz. L'attraction des molécules dans les solides et les liquides est donc la cause qui modifie leurs propriétés particulières, et il paraît que ce n'est que lorsqu'elle est entièrement détruite, comme dans les gaz, que les corps se trouvant placés dans des circonstances semblables présentent des lois simples et régulières. Je vais du moins faire connaître des propriétés nouvelles dans les gaz, dont les effets sont réguliers, en prouvant que ces substances se combinent entre elles dans des rapports très simples, et que la contraction du volume qu'elles éprouvent par la combinaison suit aussi une loi régulière. J'espère donner par là une preuve de ce qu'ont avancé des chimistes très distingués, qu'on n'est peut-être pas éloigné de l'époque à laquelle on pourra soumettre au calcul la plupart des phénomènes chimiques.

C'est une question très importante en elle même, et agitée entre les chimistes, de savoir si les combinaisons se font dans toutes sortes de proportions. M. Proust, qui paraît avoir fixé le premier son attention sur cet objet, admet que les métaux ne sont susceptibles que de deux degrés d'oxydation, un minimum et un maximum ; mais, entraîné par une théorie séduisante, il s'est vu forcé d'admettre des principes contraires à la physique, pour ramener à deux oxydes tous ceux que présente quelquefois le même métal. M. Berthollet pense au contraire, d'après des considérations générales et des expériences qui lui appartiennent, que les combinaisons se font toujours dans des proportions très variables, à moins qu'elles ne soient déterminées par des causes particulières, telles que la cristallisation, l'insolubilité ou l'élasticité. Enfin M. Dalton a émis l'idée que les combinaisons entre deux corps se font de manière qu'un atome de l'un s'unit à un atome de l'autre, ou à deux, ou à trois, ou à un plus grand nombre [1]. Il résulterait de cette manière d'envisager les combinaisons qu'elles se font dans des proportions constantes, sans qu'il y en ait d'intermédiaires, et, sous ce rapport, la théorie de M. Dalton se rapprocherait de celle de M. Proust ; mais M. Berthollet l'a déjà fortement combattue dans l'introduction qu'il a faite à la chimie de M. Thomson, et nous verrons en effet qu'elle

1. M. Dalton a été conduit à cette idée par des considérations systématiques, et on voit par son ouvrage : *New system of chemical philosophy*, p. 213, et par celui de M. Thomson, t. VI, que ses recherches n'ont point de rapport avec les miennes.

n'est pas entièrement exacte. Tel est l'état de la question maintenant agitée; elle est bien loin d'être résolue, mais j'espère que les faits que je vais énoncer, et qui avaient entièrement échappé à l'attention des chimistes, concourront à l'éclaircir.

Soupçonnant, d'après le rapport exact de 100 de gaz oxygène à 200 de gaz hydrogène que nous avions déterminé, M. Humboldt et moi, pour les proportions de l'eau, que les autres gaz pouvaient aussi se combiner dans des rapports simples, j'ai fait les expériences suivantes. J'ai préparé les gaz fluoborique (BF^3)[1], muriatique (HCl) et carbonique (CO^2), et je les ai combinés successivement avec le gaz ammoniacal. 100 parties de gaz muriatique saturent précisément 100 parties de ce dernier gaz, et le sel qui en résulte est parfaitement neutre, que l'on mette l'un ou l'autre des deux gaz en excès. Le gaz fluoborique s'unit au contraire en deux proportions avec le gaz ammoniacal. Lorsqu'on met le gaz fluoborique le premier dans le tube gradué, et qu'on y fait passer ensuite l'autre gaz, on trouve qu'il se condense un volume égal de l'un et de l'autre, et que le sel formé est neutre. Mais si l'on commence par mettre le gaz ammoniacal dans le tube, et qu'on y fasse arriver ensuite bulle à bulle le gaz fluoborique, le premier se trouvera alors en excès par rapport au second, et il en résultera un sel avec excès de base, composé de 100 de gaz fluoborique et 200 de gaz ammoniacal. Si l'on met le gaz carbonique avec le gaz ammoniacal, en le faisant passer dans le tube, tantôt le premier et tantôt le second, il se forme toujours un sous-carbonate composé de 100 parties de gaz carbonique et de 200 de gaz ammoniacal. Cependant on peut prouver que le carbonate d'ammoniaque neutre (CO^3H,AzH^4) serait composé de volumes égaux de chacun de ses composants. M. Berthollet, qui a analysé ce sel obtenu en faisant passer du gaz carbonique dans le sous-carbonate, a trouvé qu'il était composé en poids de 73,34 de gaz carbonique et de 26,66 de gaz ammoniacal. Or, si on suppose qu'il soit composé d'un volume égal de chacun de ses composants, on trouve, d'après leur pesanteur connue,

1. Nous avons donné, M. Thénard et moi, le nom de gaz fluoborique au gaz particulier que nous avons obtenu en distillant du fluate de chaux pur (CaF^2) avec de l'acide boracique vitreux (B^2O^3).

qu'il contient en poids[1]

71,81	d'acide carbonique;
28,19	d'ammoniaque.
100,00	

proportion qui diffère peu de la précédente.

Si le carbonate d'ammoniaque neutre pouvait se former par le mélange du gaz carbonique et du gaz ammoniacal, il s'absorberait donc autant d'un gaz que de l'autre; et puisqu'on ne peut l'obtenir qu'au moyen de l'eau, il faut en conclure que c'est l'affinité de ce liquide qui concourt avec celle de l'ammoniaque pour vaincre l'élasticité de l'acide carbonique, et que le carbonate d'ammoniaque neutre ne peut exister qu'au moyen de l'eau.

Ainsi, on doit conclure que les gaz muriatique, fluoborique et carbonique prennent exactement un volume de gaz ammoniacal semblable au leur, pour former des sels neutres, et que les deux derniers en prennent le double pour former des sous-sels. Il est très remarquable de voir des acides aussi différents les uns des autres neutraliser un volume de gaz ammoniacal égal au leur, et d'après cela, il est permis de soupçonner que si tous les acides et tous les alcalis pouvaient être obtenus à l'état gazeux, la neutralité résulterait de la combinaison de volumes égaux d'acide et d'alcali.

Il n'est pas moins remarquable que, soit que l'on obtienne un sel neutre ou un sous-sel, leurs éléments se combinent dans des rapports simples qui doivent être considérés comme des limites de leurs proportions. D'après cela, en admettant la pesanteur spécifique de l'acide muriatique (HCl), que nous avons déterminée M. Biot et moi[2], et celles des gaz carbonique et ammoniacal, données par MM. Biot et Arago, on trouve que le muriate d'ammoniaque sec est composé de :

Ammoniaque.	100,0	38,35
A. muriatique.	160,0	61,65
		100,00

1. Voir pour les pesanteurs spécifiques, le tableau, p. 12.

2. Comme le gaz muriatique contient le quart de son poids d'eau, il ne faut prendre pour l'acide muriatique réel que les trois quarts de sa densité.

proportion qui s'éloigne beaucoup de celle de M. Berthollet,

100 d'ammoniaque ;
213 d'acide.

On trouve de même que le sous-carbonate d'ammoniaque contient :

Ammoniaque.	100,0	43,98
A. carbonique	127,3	56,02
		100,00

Et le carbonate neutre :

Ammoniaque.	100,0	28,19
A. carbonique.	254,6	71,81
		100,00

Il est facile, d'après les résultats précédents, de connaître les rapports de capacité des acides fluoborique, muriatique et carbonique, car, puisque ces trois gaz saturent le même volume de gaz ammoniacal, leurs capacités seront entre elles en raison inverse de leurs densités, lorsqu'on aura fait la correction due à l'eau contenue dans l'acide muriatique[1].

On pourrait conclure déjà que les gaz se combinent entre eux dans des rapports très simples ; mais je vais en donner encore de nouvelles preuves.

D'après les expériences de M. Amédée Berthollet[2], l'ammoniaque est composée en volume de :

100 gaz azote ;
300 gaz hydrogène.

1. N. d. l. R. Au moment de la publication de ce mémoire, le chlore était encore considéré comme un corps composé, l'oxyde XO d'un radical X appelé gaz muriatique et l'acide chlorhydrique passait pour être l'hydrate du même radical. Cette opinion erronée résultait de l'observation exacte que le chlore (non desséché) donnait en traversant un tube de porcelaine chauffé au rouge, une certaine quantité d'oxygène, de même sa solution exposée au soleil dégageait de l'oxygène. L'interprétation exacte de cette réaction est que le chlore s'empare de l'hydrogène de l'eau et met son oxygène en liberté.

Dans un mémoire publié la même année, Gay-Lussac avait signalé que toutes les réactions connues du chlore pouvaient aussi bien s'expliquer en le considérant comme un corps simple ; mais il n'adopte pas cette manière de voir qui ne lui semble présenter aucun avantage sur l'hypothèse admise, et qui aurait vivement peiné, ce qu'il ne dit pas, son maître et ami Berthollet auteur de cette hypothèse.

H. L. C.

2. Fils du grand Berthollet. (N. d. l. R.)

J'ai trouvé (1er vol. de la Société d'Arcueil) que l'acide sulfurique est composé de :

100 gaz sulfureux ;
50 gaz oxygène.

Lorsqu'on enflamme un mélange de 50 parties de gaz oxygène et de 100 de gaz oxyde de carbone, provenant de la distillation de l'oxyde de zinc et du charbon fortement calciné, ces deux gaz sont détruits et remplacés par 100 parties de gaz acide carbonique. Par conséquent l'acide carbonique peut être considéré comme composé de :

100 gaz oxyde de carbone ;
50 gaz oxygène.

M. Davy, en faisant l'analyse des diverses combinaisons de l'azote avec l'oxygène, a trouvé, en poids, les proportions suivantes :

	Azote.	Oxygène.	
Gaz oxyde d'azote. . .	63,30	36,70	(N^2O)
Gaz nitreux.	44,05	55,95	(NO)
Acide nitrique	29,50	70,50	(NO^2)

En réduisant ces proportions en volumes, on trouve pour le :

	G. azote.	G. oxygène.	
Gaz oxyde d'azote. . . .	100	49,5	(N^2O)
Gaz nitreux.	100	108,9	(NO)
Acide nitrique	100	204,7	(NO^4)

La première et la dernière de ces proportions diffèrent peu de celles de 100 à 50 et de 100 à 200 ; il n'y a que la seconde qui s'écarte un peu de celle de 100 à 100. La différence n'est cependant pas très grande, et elle est telle qu'on pourrait l'attendre dans de semblables expériences ; mais je me suis assuré qu'elle est entièrement nulle. En brûlant la nouvelle substance combustible de la potasse (K métallique) dans 100 parties en volume de gaz nitreux, il est resté exactement 50 de gaz azote, dont le poids, retranché de celui du gaz nitreux, déterminé avec beaucoup de soins par M. Bérard à Arcueil, donne pour résultat que ce dernier gaz est composé en volume de parties égales d'azote et d'oxygène.

On doit donc admettre pour les proportions en volume des combinaisons de l'azote avec l'oxygène :

	G. azote.	G. oxygène.	
Gaz oxyde d'azote. . . .	100	50	(N^2O)
Gaz nitreux.	100	100	(NO)
Acide nitrique	100	200	(NO^2)

D'après mes expériences, qui diffèrent très peu de celles de M. Chenevix, l'acide muriatique oxygéné est composé en poids de :

Oxygène	22,92
Acide muriatique	77,08

En convertissant ces quantités en volume, on trouve que l'acide muriatique oxygéné est formé de :

Gaz muriatique	300,0
Gaz oxygène.	103,2

proposition qui diffère peu de :

Gaz muriatique	300
Gaz oxygène.	100 [1]

Ainsi il me paraît évident que tous les gaz, en agissant les uns sur les autres, se combinent toujours dans les rapports les plus simples ; et nous avons vu, en effet, dans tous les exemples précédents, que le rapport de combinaison est de 1 à 1, de 1 à 2, ou de 1 à 3. Il est bien important d'observer que, lorsqu'on considère les poids, il n'y a aucun rapport simple et fini entre les éléments d'une première combinaison : ce n'est que lorsqu'il y en a une seconde entre ces

1. Dans la proportion en poids de l'acide muriatique oxygéné, l'acide muriatique est supposé privé d'eau, tandis que dans celle en volume, il est supposé combiné avec un quart de son poids d'eau, que, depuis la lecture de ce mémoire, nous avons démontré, M. Thénard et moi, être absolument nécessaire à son état gazeux. Mais comme le rapport simple de 300 d'acide à 100 d'oxygène ne peut être dû au hasard, il faudrait en conclure que l'eau, en se combinant avec l'acide muriatique sec, pour former le gaz muriatique ordinaire, ne change pas sensiblement sa pesanteur spécifique. On serait conduit à la même conclusion par cette considération que la pesanteur spécifique de l'acide muriatique oxygéné, qui d'après nos expériences ne contient point d'eau, est exactement la même que celle obtenue en ajoutant la densité du gaz oxygène à trois fois celle du gaz muriatique, et en prenant la moitié de cette somme. Nous avons aussi trouvé, M. Thénard et moi, que le gaz muriatique oxygéné contient précisément la moitié de son volume de gaz oxygène, et qu'il peut détruire, par conséquent, un volume d'hydrogène égal au sien.

mêmes éléments que la nouvelle proportion de celui qui a été ajouté est un multiple de la première. Les gaz, au contraire, dans telles proportions qu'ils puissent se combiner, donnent toujours lieu à des composés dont les éléments, en volume, sont des multiples les uns des autres.

Non seulement les gaz se combinent dans des proportions très simples, comme on vient de le voir, mais encore la contraction apparente de volume qu'ils éprouvent par la combinaison, a aussi un rapport simple avec le volume des gaz ou plutôt avec celui de l'un d'eux.

J'ai dit, d'après M. Berthollet, que 100 parties de gaz oxyde de carbone, provenant de la distillation de l'oxyde de zinc et du charbon fortement calciné, produisent 100 parties de gaz carbonique en se combinant avec 50 de gaz oxygène. Il résulte de là que la contraction apparente des deux gaz est précisément de tout le volume du gaz oxygène ajouté. La densité du gaz carbonique est donc égale à celle du gaz oxyde de carbone, plus la moitié de celle du gaz oxygène : ou, inversement, la densité du gaz oxyde de carbone est égale à celle du gaz carbonique, moins la moitié de celle du gaz oxygène. D'après cela, et en prenant la densité de l'air pour unité, on trouve que celle du gaz oxyde de carbone est 0,9678 au lieu de 0,9569 que M. Cruickshanks avait déterminée par l'expérience (valeur exacte 0,9670). On sait, d'ailleurs, qu'un volume donné de gaz oxygène produit un volume égal d'acide carbonique; par conséquent le gaz oxygène, en formant avec le charbon le gaz oxyde de carbone, double de volume, de même que le gaz carbonique en passant sur du charbon rouge. Le gaz oxygène produisant un volume égal de gaz carbonique, et la pesanteur de ce dernier étant bien connue, il est facile d'en conclure la proportion de ses éléments. C'est ainsi qu'on trouve que le gaz carbonique est composé de :

27,38 carbone;
72,62 oxygène.

et le gaz oxyde de carbone de :

42,99 carbone;
57,01 oxygène.

En suivant une marche analogue, on trouve de même que, si le soufre prend 100 parties d'oxygène pour produire l'acide sulfureux, il en prend 150 pour produire l'acide sulfurique. En effet, d'après les expériences de MM. Kalproth, Bucholz et Richter, l'acide sulfurique est composé, en poids, de 100 de soufre et 138 d'oxygène.

D'un autre côté, l'acide sulfurique est composé de 2 parties en volume de gaz sulfureux et de 1 de gaz oxygène. Par conséquent le poids d'une certaine quantité d'acide sulfurique doit être le même que celui de 2 parties d'acide sulfureux et de 1 de gaz oxygène, c'est-à-dire :

$$2.\ 2{,}265 + 1{,}10359 = 5{,}63359\,;$$

attendu que, d'après Kirwan, le gaz sulfureux pèse 2,265, la densité de l'air étant prise pour unité (exactement 2,2639). Mais, d'après la proportion de 100 de soufre à 138 d'oxygène, cette quantité renferme 3,26653 d'oxygène, et si on retranche 1,10359, il restera 2,16294 pour le poids de l'oxygène renfermé dans 2 parties d'acide sulfureux, ou 1,08147 pour celui de l'oxygène renfermé dans 1 partie.

Or, comme cette dernière quantité ne diffère que de deux centièmes de 1,10359 qui représente le poids d'une partie de gaz oxygène (exactement 1,1053), il faut en conclure que le gaz oxygène, en se combinant avec le soufre pour former le gaz sulfureux, n'éprouve qu'une diminution de volume d'un cinquantième, et qu'elle serait probablement nulle si les données dont je me suis servi étaient plus exactes. Dans cette dernière supposition, et d'après la pesanteur spécifique du gaz sulfureux de Kirwan, on trouverait que cet acide est composé de :

100,00 soufre ;
95,02 oxygène.

Mais si, en partant des proportions précédentes de l'acide sulfurique, on admet, comme cela paraît probable, que 100 de gaz sulfureux renferme 100 de gaz oxygène, et qu'il faut leur ajouter encore 50 pour les convertir en acide sulfurique, on obtiendra pour les proportions de l'acide sulfureux :

100,00 soufre ;
92,0 oxygène (exactement 99,3).

Sa pesanteur spécifique calculée dans ces mêmes suppositions et rapportée à celle de l'air serait 2,30314, au lieu de 2,2650 que M. Kirwan a trouvée directement[1] (exactement 2,2639).

Nous avons vu que 100 parties de gaz azote prennent 50 parties de gaz oxygène pour former le gaz oxyde d'azote (N^2O) et 100 de gaz oxygène pour former le gaz nitreux (NO). Dans le premier cas, la contraction est un peu plus forte que le volume du gaz oxygène ajouté ; car la pesanteur spécifique du gaz oxyde d'azote calculée dans cette hypothèse est 1,52092, tandis que cell donnée par M. Davy est 1,61414 (exactement 1,5301). Mais il est aisé de faire voir par des expériences de M. Davy que la contraction apparente est précisément de tout le volume du gaz oxygène ajouté. En faisant passer l'étincelle électrique à travers un mélange de 100 parties de gaz hydrogène et de 97,5 de gaz oxyde d'azote, le gaz hydrogène est détruit, et il reste 102 parties de gaz azote renfermant celui qui est presque toujours mêlé avec le gaz hydrogène, et de plus un peu de ce dernier gaz échappé à la combustion. Le résidu, toute correction faite, serait donc à très peu-près égal en volume au gaz oxyde d'azote employé. De même, en faisant passer l'étincelle électrique à travers un mélange de 100 parties de gaz hydrogène phosphoré et de 250 de gaz oxyde d'azote, il se forme de l'eau et de l'acide phosphorique, et il reste exactement 250 parties de gaz azote ; preuve évidente encore que la contraction apparente des éléments du gaz oxyde d'azote est de tout le volume du gaz oxygène ajouté. D'après cette considération, sa pesanteur spécifique rapportée à celle de l'air doit être 1,52092.

La contraction apparente des éléments du gaz nitreux (NO) parait, au contraire, nulle. Si l'on admet, en effet, comme je

1. Il serait nécessaire, pour faire disparaitre ces différences, de faire de nouvelles expériences sur la densité du gaz sulfureux, sur la combinaison directe du gaz oxygène avec le soufre, pour voir s'il y a contradiction, et sur la combinaison du gaz sulfureux avec le gaz ammoniacal. J'ai trouvé, à la vérité, en chauffant du cinabre dans du gaz oxygène, que 100 parties de ce gaz ne produisent que 93 parties de gaz sulfureux. Il m'a semblé aussi qu'il fallait moins de gaz sulfureux que de gaz ammoniacal pour obtenir un sel neutre. Mais comme ces expériences n'ont pas été faites dans des circonstances convenables, surtout la dernière qui ne peut être faite qu'au moyen de l'eau, le gaz sulfureux se décomposant et laissant précipiter du soufre aussitôt qu'il est mêlé avec le gaz ammoniacal, je me propose, avant d'en tirer aucune conséquence, de les reprendre et d'en déterminer exactement toutes les circonstances. Cela est d'autant plus nécessaire que le gaz sulfureux étant bien connu dans ses proportions, on pourra s'en servir pour analyser le gaz hydrogène sulfuré.

l'ai fait voir, qu'il est composé de parties égales de gaz oxygène et de gaz azote, on trouve que sa densité, calculée dans l'hypothèse où il n'y aurait aucune condensation de volume, est 1,036 tandis que celle déterminée directement est 1,038 (exactement 1,0366).

Saussure a trouvé que la densité de la vapeur de l'eau est à celle de l'air comme 10 est à 14 (exactement, à $t = 100°$ et $p = 760$ millimètres, comme 10 est à 15,87). En supposant que la contraction de volume des deux gaz soit seulement de tout le volume du gaz oxygène ajouté, on trouve, au lieu de ce rapport, celui de 10 à 16. Cette différence et l'autorité d'un physicien aussi distingué que Saussure sembleraient devoir faire rejeter la supposition que je viens de faire; mais voici plusieurs circonstances qui la rendent très probable. Elle a d'abord pour elle une très forte analogie; en second lieu, M. Tralès a trouvé par des expériences directes que le rapport de la densité de la vapeur de l'eau à celle de l'air est de 10 à 14,5, au lieu de 10 à 14. En troisième lieu, quoiqu'on ne connaisse pas très exactement le volume qu'occupe l'eau en passant à l'état élastique, on sait, d'après les expériences de M. Watt, qu'un pouce cube d'eau produit à peu près un pied cube de vapeur, c'est-à-dire un volume 1.728 fois plus grand. Or, en admettant le rapport de Saussure, on trouve seulement 1.488 pour le volume qu'occupe l'eau lorsqu'elle est en vapeur, et en admettant celui de 10 à 16, on aurait 1.700,6. Enfin la réfraction de la vapeur aqueuse, calculée dans l'hypothèse du rapport de 10 à 14, est un peu plus forte que celle donnée par l'observation; mais celle calculée en adoptant le rapport de 10 à 16 concilie beaucoup mieux les résultats de la théorie et de l'expérience. Voilà donc plusieurs considérations qui rendent très probable le rapport de 10 à 16.

Le gaz ammoniacal est composé en volume de 3 parties de gaz hydrogène et de 1 de gaz azote, et sa densité comparée à celle de l'air est 0,596 (exactement 0,5962) ; mais, si on suppose que la contraction apparente soit de la moitié du volume total, on trouve 0,594 pour sa densité. Ainsi il est démontré par cet accord presque parfait que la contraction apparente de ses éléments est précisément de la moitié du volume total, ou plutôt du double de celui de l'azote.

L'observation que les combustibles gazeux se combinent

avec le gaz oxygène dans les rapports simples de 1 à 1, de 1 à 2, de 1 à $\frac{1}{2}$, peut nous conduire à déterminer la densité des vapeurs des corps combustibles, ou au moins à approcher beaucoup de cette détermination. Si l'on suppose, en effet, tous les corps combustibles à l'état gazeux, un volume déterminé de chacun d'eux absorberait un volume égal d'oxygène, ou le double ou seulement la moitié. Et comme on connaît la proportion d'oxygène que prend chaque corps combustible à l'état solide ou liquide, il suffit de convertir l'oxygène en volume et d'y convertir aussi le combustible, d'après la condition que sa vapeur soit égale au volume du gaz oxygène, ou au double ou à la moitié. Par exemple, le mercure est susceptible de deux degrés d'oxydation, et on peut comparer le premier au gaz oxyde d'azote. Or d'après MM. Fourcroy et Thénard, 100 parties de mercure en absorbent 4,16, qui, réduites en gaz, occuperaient un espace représenté par 8,20. Ces 100 parties de mercure réduites en vapeurs devront donc occuper un espace double, c'est-à dire 16,40. On conclut de là que la densité de la vapeur de mercure est 12,01 fois plus dense que celle du gaz oxygène, et que le métal en passant de l'état liquide à l'état gazeux, prend un volume 961 fois plus grand.

Je ne m'occuperai pas plus longtemps de ces déterminations, parce qu'elles ne sont fondées que sur des analogies, et que d'ailleurs il est aisé de les multiplier. Je terminerai ce Mémoire pour examiner si les combinaisons se font dans des proportions constantes ou variables; les expériences que je viens de rapporter me conduisent à la discussion de ces deux opinions.

D'après l'idée ingénieuse de M. Dalton que les combinaisons se font d'atome à atome[1], les divers composés que deux corps peuvent former seraient produits par la réunion d'une molécule de l'un avec une molécule de l'autre ou avec deux ou avec un plus grand nombre, mais toujours sans intermédiaires. MM. Thomson et Wollaston rapportent, en effet, des expériences qui semblent confirmer cette théorie. Le premier a trouvé que le suroxalate de potasse contient deux fois plus

1. Les mots *atome* et *molécule* sont successivement employés dans cette phrase, comme deux expressions synonymes. (N. d. l. R.)

d'acide qu'il n'en faut pour saturer l'alcali ; et le second, que le sous-carbonate de potasse contient, au contraire, deux fois plus d'alcali qu'il n'en faudrait pour saturer l'acide.

Les résultats nombreux que j'ai fait connaître dans ce Mémoire sont aussi très favorables à cette théorie. Mais M. Berthollet, qui pense que les combinaisons se font d'une manière continue, cite pour preuve de son opinion les sulfates acides, le verre, les alliages et les mélanges de divers liquides, composés tous très variables dans leurs proportions, et il insiste principalement sur l'identité de la force qui produit les combinaisons chimiques et les dissolutions.

Ces deux opinions ont donc chacune en leur faveur un très grand nombre de faits ; mais quoique entièrement opposées en apparence, il est aisé de les concilier[1].

Il faut d'abord admettre, avec M. Berthollet, que l'action chimique s'exerce indéfiniment d'une manière continue entre les molécules des corps, quels que soient leur nombre et leur rapport, et que, en général, on peut obtenir des composés à proportions très variables. Mais ensuite, il faut admettre en même temps qu'outre l'insolubilité, la cohésion et l'élasticité qui tendent à produire des combinaisons dans des proportions fixes, l'action chimique s'exerce plus puissamment lorsque les éléments sont entre eux dans des rapports simples, ou dans des proportions multiples les unes des autres, et qu'elle produit alors des composés qui se séparent plus aisément. On concilie de cette manière les deux opinions, et on maintient cette grande loi chimique : que toutes les fois que deux substances sont en présence l'une de l'autre, dans leur sphère d'activité, elles agissent par leurs masses, et donnent en général des composés à proportions très variables, à moins que ces proportions ne soient déterminées par des circonstances particulières.

CONCLUSION

J'ai fait voir dans ce Mémoire que les combinaisons des substances gazeuses les unes avec les autres se font tou-

1. Au moment de la publication de ce travail, Gay-Lussac n'avait pas encore trente ans ; il lui était difficile de contester trop nettement les idées de son maître et ami Berthollet qui l'avait guidé dans ses premiers travaux. (N. d. l. R.)

jours dans les rapports les plus simples, et tels qu'en représentant l'un des termes par l'unité, l'autre est 1 ou 2 ou au plus 3. Ces rapports de volume ne s'observent point dans les substances solides et liquides, ou lorsqu'on considère les poids, et ils sont une nouvelle preuve que ce n'est effectivement qu'à l'état gazeux que les corps sont placés dans les mêmes circonstances et qu'ils présentent des lois régulières. Il est remarquable de voir que le gaz ammoniacal neutralise exactement un volume semblable au sien des acides gazeux, et il est probable que si les acides et les alcalis étaient à l'état élastique, ils se combineraient tous, à volume égal, pour produire des sels neutres. La capacité de saturation des acides et des alcalis mesurée par les volumes serait donc la même, et ce serait peut-être la vraie manière de l'évaluer. Les contractions apparentes de volume qu'éprouvent les gaz en se combinant ont aussi des rapports simples avec le volume de l'un d'eux, et cette propriété est encore particulière aux substances gazeuses.

ESSAI

d'une manière de déterminer les masses relatives des molécules élémentaires des corps, et les proportions selon lesquelles elles entrent dans les combinaisons;

Par A. AVOGADRO

(*Journal de Physique* de DELAMÉTHERIE [1811].)

Le comte Amedeo AVOGADRO di Quaregna (1776-1856) naquit à Turin. Dirigé vers le barreau par son père, qui appartenait à la haute magistrature piémontaise, il fit ses études de droit et fut nommé secrétaire de préfecture à Turin. Mais les lois des phénomènes naturels l'attiraient beaucoup plus que les lois forgées par les hommes. A vingt-sept ans, il publiait en collaboration avec son frère Felice un mémoire intitulé : *Essai analytique sur l'Électricité*, qui lui valut d'être nommé l'année suivante membre correspondant de l'Académie de Turin.

Son père l'autorisa alors à quitter l'administration. Il fut nommé professeur de philosophie naturelle au lycée de Vercelli et vécut pendant quinze ans dans une retraite tranquille, envoyant de nombreux travaux scientifiques aux revues françaises et italiennes, en particulier son célèbre mémoire sur *la masse relative des molécules chimiques,* qui est reproduit dans ce volume.

Nommé, en 1820, professeur de physique mathématique à l'Université de Turin, il vit trois ans plus tard supprimer sa chaire à la suite de changements politiques. Il resta alors dix ans éloigné de l'enseignement, continuant toujours à s'occuper d'études scientifiques. La chaire fut enfin rétablie par le roi Charles-Albert, mais elle fut confiée au savant mathématicien français Cauchy qui avait dû quitter son enseignement du Collège de France à la suite de la révolution de Juillet. Au bout d'un an Cauchy renonça à ses nouvelles fonctions et Avogadro fut replacé dans son ancienne situation qu'il occupa jusqu'à l'âge de soixante-quinze ans.

De son vivant, il se fit surtout connaître par la publication d'un gros traité en quatre volumes sur la *Physique des corps pondérables*. On est encore redevable à Avogadro de l'introduction en Italie du système métrique. Président de la commission des poids et mesures, il n'épargna ni ses efforts ni ses peines pour arriver à convaincre ses compatriotes de la supériorité des nouvelles mesures [1].

H. L. C.

Avogadro, aussitôt la publication du mémoire de Gay-Lussac, fut frappé de l'incompatibilité qui existait entre les résultats des expériences du savant français, l'hypothèse de Dalton attribuant la combinaison chimique à la soudure d'un certain nombre de molécules de corps différents et une seconde hypothèse relative à la constitution des gaz qui consistait à les considérer comme renfermant un même nombre de molécules dans des volumes égaux. Cette hypothèse, généralement attribuée à Avogadro, avait été formulée longtemps auparavant par Bernouilli et devait être restée à l'état latent dans les idées scientifiques de l'époque, car elle avait été quelques années avant déjà énoncée, puis abandonnée, par Dalton et le fut quelques années plus tard par Ampère. D'après ces deux hypothèses, le volume d'une combinaison gazeuse aurait dû être égal au plus petit volume des corps constituants tandis qu'en général il en est le double. Pour lever cette difficulté, Avogadro propose d'ad-

1. Renseignements empruntés à une conférence de M. le Professeur Ernst Cohen, donnée le 21 avril 1911, devant la Société Hollandaise des naturalistes et des médecins.

mettre que dans la combinaison chimique les molécules gazeuses peuvent se diviser en deux ou en un plus grand nombre de parties. Dans son mémoire reproduit ici, il montre comment cette nouvelle hypothèse doit être appliquée aux résultats des expériences de Gay-Lussac et comment on peut s'en servir pour calculer le volume de vapeur d'un certain nombre de corps simples dont les densités gazeuses n'étaient pas connues.

H. L. C.

I

M. Gay-Lussac a fait voir dans un Mémoire intéressant que les combinaisons des gaz entre eux se font toujours selon des rapports très simples en volume, et que, lorsque le résultat de la combinaison est gazeux, son volume est aussi en rapport très simple avec celui de ses composants ; mais les rapports des quantités de substances dans les combinaisons ne paraissent pouvoir dépendre que du nombre relatif des molécules qui se combinent et de celui des molécules composées qui en résultent. Il faut donc admettre qu'il y a aussi des rapports très simples entre les volumes des substances gazeuses et le nombre des molécules simples ou composées qui les forme. L'hypothèse qui se présente la première à cet égard, et qui paraît même la seule admissible est de supposer que le nombre des molécules intégrantes (molécules) dans les gaz quelconques est toujours le même à volume égal, ou est toujours proportionnel aux volumes. En effet, si on supposait que le nombre des molécules contenues dans un volume donné fût différent pour les différents gaz, il ne serait guère possible de concevoir que la loi qui présiderait à la distance des molécules pût donner, en tout cas, des rapports aussi simples que les faits que nous venons de citer nous obligent à admettre entre le volume et le nombre des molécules. Au contraire, on conçoit très bien que les molécules dans les gaz étant à une distance telle que leur attraction mutuelle ne peut s'exercer entre elles, leur attraction différente pour le calorique puisse se borner à en condenser une quantité plus ou moins grande autour d'elles, sans que l'atmosphère formée par ce fluide ait plus d'étendue pour les unes que pour les autres, et par conséquent sans que la distance entre les molécules varie, ou, en d'autres termes, sans que le nombre des molécules contenues dans un volume donné soit lui-même différent. M. Dalton, à la vérité, a proposé une hypothèse directement contraire à cet égard, savoir, que la quantité de calorique soit toujours la même pour les molécules d'un corps quelconque à l'état de gaz, et que l'attraction plus ou moins grande pour le calorique ne fasse que condenser plus ou moins cette quantité de calorique autour des molécules, et varier par là la distance entre les molécules mêmes ; mais dans l'obscurité où nous sommes sur la manière dont cette attraction des molécules sur le calorique s'exerce, rien ne nous peut déterminer *a priori* pour l'une de ces hypothèses plutôt que pour l'autre, et on serait plutôt porté à adopter une hypothèse mixte, qui ferait varier la distance des molécules et la quantité de calorique selon des lois inconnues, si celle que nous venons de proposer n'était pas appuyée sur cette simplicité de rapport entre les volumes dans les combinaisons des gaz qui paraît ne pouvoir être autrement expliquée.

En partant de cette hypothèse, on voit qu'on a le moyen de déterminer très aisément les masses relatives des molécules des corps qu'on peut avoir à l'état gazeux, et le nombre relatif de ces molécules dans les combinaisons ; car les rapports des masses des molécules sont alors les mêmes que ceux des densités des différents gaz, à pression et température égales, et le nombre relatif des molécules dans une combinaison est donné immédiatement par le rapport des volumes des gaz qui la forment. Par exemple, les nombres 1,10359 (1,1053) et 0,07321 (0,06948) exprimant les densités des deux gaz oxygène et hydrogène, lorsqu'on prend celle de l'air atmosphérique pour unité, et le rapport entre les deux nombres représentant par conséquent celui qui a lieu entre les masses de deux volumes égaux de ces deux gaz, ce même rapport exprimera, dans l'hypothèse proposée, le rapport des masses de leurs molécules. Ainsi la masse de la molécule de l'oxygène sera environ 15 fois celle de la molécule d'hydrogène, ou plus exactement, elle sera à celle-ci comme 15,074 à 1 (15,87 à 1). De même, la masse de la molécule de l'azote sera à celle de l'hydrogène comme 0,96913 à 0,07321, c'est-à-dire comme 13, ou plus exactement 13,238 à 1 (13,90 à 1). D'un autre côté, comme on sait que le rapport des volumes de l'hydrogène à l'oxygène dans la formation de l'eau est de 2 à 1, il s'ensuit que l'eau résulte de l'union de chaque molécule d'oxygène avec deux molécules d'hydrogène. De même, d'après les proportions en volume établies par M. Gay-Lussac dans les éléments de l'ammoniaque, des gaz oxyde d'azote et nitreux, et de l'acide nitrique, l'ammoniaque résultera de l'union d'une molécule d'azote avec trois d'hydrogène, le gaz oxyde d'azote d'une molécule d'oxygène avec deux d'azote, le gaz nitreux d'une molécule d'azote avec une d'oxygène, et l'acide nitrique d'une d'azote avec deux d'oxygène.

II

Une réflexion paraît d'abord s'opposer à l'admission de notre hypothèse à l'égard des corps composés. Il semble qu'une molécule composée de deux ou plusieurs molécules élémentaires devrait avoir sa masse égale à la somme des masses de ces molécules, et qu'en particulier, si dans une combinaison une molécule d'un corps s'adjoint deux ou plusieurs molécules d'un autre corps, le nombre de molécules composées devrait rester le même que celui des molécules du premier corps. D'après cela dans notre hypothèse, lorsqu'un gaz se combine avec deux ou plusieurs fois son volume d'un autre gaz, le composé qui en résulte, s'il est gazeux, ne pourrait avoir qu'un volume égal au premier de ces gaz. Or cela n'a pas lieu en général dans le fait. Par exemple, le volume de l'eau supposée gazeuse est, comme M. Gay-Lussac l'a fait voir, double de celui du gaz oxygène qui y rentre, ou, ce qui revient au même, égal à celui de l'hydrogène, au lieu d'être égal à celui de l'oxygène ; mais il se présente assez naturellement un moyen d'expliquer les faits de ce genre conformément à notre hypothèse : c'est de supposer que les molécules[1] constituantes (molécules) d'un gaz simple quelconque, c'est-à-dire celles qui s'y tiennent à une distance telle à ne pouvoir

1. La molécule constituante est la molécule du corps simple.
La molécule intégrante est la molécule du corps composé.
La molécule élémentaire est l'atome du corps simple. (N. d. l. R.)

exercer leur action mutuelle, ne sont pas formées d'une seule molécule élémentaire (atome), mais résultent d'un certain nombre de ces molécules réunies en une seule par attraction, et que, lorsque des molécules d'une autre substance doivent se joindre à celles-là pour former des molécules composées, la molécule intégrante (molécule) qui devrait en résulter se partage en deux ou plusieurs parties ou molécules intégrantes composées de la moitié, du quart, etc. du nombre de molécules élémentaires dont était formée la molécule constituante de la première substance, combinée avec la moitié, le quart. etc., du nombre des molécules constituantes de l'autre substance, qui devrait se combiner avec la molécule totale, ou, ce qui revient au même, avec un nombre égal à celui-ci de demi-molécules (atomes), de quart de molécule, etc., de cette seconde substance ; en sorte que le nombre des molécules intégrantes du composé devienne double, quadruple, etc., de ce qu'il devrait être sans ce partage, et tel qu'il le faut pour satisfaire au volume du gaz qui en résulte[1].

En parcourant les différents composés gazeux plus connus, je ne trouve que des exemples de redoublement de volume relativement au volume de celui des composants, qui s'adjoint une ou plusieurs fois son volume de l'autre : on l'a déjà vu pour l'eau. De même le volume de gaz ammoniaque est, comme on sait, double de celui de l'azote qui y entre. M. Gay-Lussac a fait voir aussi que le volume de gaz oxyde d'azote est égal à celui de l'azote qui en fait partie, et par conséquent double de celui de l'oxygène. Enfin, le gaz nitreux qui contient des volumes égaux d'azote et d'oxygène a un volume égal à la somme des deux gaz composants, c'est-à-dire au double du volume de chacun d'eux. Ainsi, dans tous les cas il doit y avoir partage des molécules en deux ; mais il est possible que dans d'autres cas le partage se fasse en quatre, en huit, etc.

III

M. Dalton, d'après les suppositions arbitraires, et qui lui ont paru les plus naturelles, sur le nombre relatif des molé-

1. Ainsi la molécule intégrante de l'eau, par exemple, sera composée d'une demi-molécule d'oxygène avec une molécule, ou, ce qui est la même chose, deux demi-molécules d'hydrogène.

cules dans les combinaisons, a tâché d'établir des rapports entre les masses des molécules des corps simples. Notre hypothèse nous met en état, en la supposant fondée, de confirmer ou de rectifier ses résultats par des données précises, et surtout d'assigner les molécules composées d'après le volume des composés gazeux dépendant en partie du partage des molécules dont ce physicien n'a eu aucune idée.

Ainsi Dalton a supposé[1] que l'eau ne formait pas l'union de l'hydrogène et de l'oxygène, molécule à molécule. Il en résulterait, d'après le rapport en poids de ces deux composants, que la masse de la molécule de l'oxygène serait à celle de l'hydrogène environ comme $7\frac{1}{2}$ à 1, ou, d'après les évaluations de Dalton, comme 6 à 1. D'après notre hypothèse, ce rapport est double, savoir de 15 à 1, comme on a vu. Quant à la molécule de l'eau, elle devrait avoir sa masse exprimée par $15 + 2 = 17$ environ (exactement $16 + 2{,}016 = 18{,}016$), en prenant pour unité celle de l'hydrogène, s'il n'y avait pas partage de la molécule en deux ; mais à cause de ce partage elle se réduit à la moitié 8,5, ou plus exactement 8,537, comme on le trouverait aussi immédiatement en divisant la densité de la vapeur aqueuse 0,625, selon Gay-Lussac, par la densité de l'hydrogène 0,0732. Cette masse ne diffère de 7, que Dalton lui assigne, que par la différence dans l'évaluation de la composition de l'eau ; en sorte qu'à cet égard le résultat de Dalton se trouverait à peu près juste par la combinaison de deux erreurs qui se compensent, celle sur la masse de la molécule de l'oxygène et celle de n'avoir pas égard au partage.

Dalton suppose que dans le gaz nitreux la combinaison de l'azote et de l'oxygène se fait de molécule à molécule : nous avons vu que cela est effectivement ainsi d'après notre hypothèse. Ainsi Dalton aurait trouvé la même masse de molécule que nous pour l'azote, en prenant toujours pour unité celle de l'hydrogène, s'il n'était pas parti d'une évaluation différente de celle de l'oxygène, et s'il avait suivi précisément la même évaluation des quantités des éléments du gaz nitreux en poids; mais, en supposant la molécule de l'oxygène

1. Dans ce qui suit, je me servirai de l'exposition des idées de Dalton, que Thomson nous a donnée dans son *Système de Chimie*.

moindre de la moitié de la nôtre, il a dû faire aussi celle de l'azote égale à moins de la moitié de celle que nous avons assignée, savoir, 5 au lieu de 13. Quant à la molécule du gaz nitreux même le défaut de la considération du partage rapproche encore le résultat de Dalton d'une autre ; il l'a fait de $6 + 5 = 11$, tandis que selon nous elle est $\frac{15 + 13}{2} =$ 14 environ, ou plus exactement $\frac{15,074 + 13,238}{2} = 14,156$, comme on le trouverait aussi en divisant 1,03636, densité du gaz nitreux, selon Gay-Lussac, par 0,07321. Dalton a encore établi de la même manière que les faits nous l'ont donné le nombre relatif des molécules dans la décomposition de l'oxyde d'azote et de l'acide nitrique, et la même circonstance a rectifié le résultat de la grosseur de la molécule par rapport au premier ; il la fait de $6 + 2.5 = 16$, tandis que selon nous elle doit être $\frac{15,074 + 2.13,238}{2} = 20,775$, nombre qu'on obtient de même en divisant 1,52092, densité du gaz oxyde d'azote, selon Gay-Lussac, par celle du gaz hydrogène.

Quant à l'ammoniaque, la supposition de Dalton sur le nombre relatif des molécules dans sa composition serait entièrement fautive selon notre hypothèse ; il y suppose l'azote et l'hydrogène unis molécule à molécule, tandis que nous avons vu qu'une molécule d'azote s'y adjoint trois molécules d'hydrogène. Selon lui, la molécule de l'ammoniaque serait $5 + 1 = 6$; selon nous elle doit être $\frac{13 + 3}{2} = 8$ ou plus exactement 8,119, comme cela peut se déduire aussi immédiatement de la densité du gaz ammoniaque. Le partage de la molécule que Dalton n'a pas fait entrer dans son calcul corrige encore ici en partie l'erreur qui résulterait de ses autres suppositions.

IV

Parcourons encore quelques autres combinaisons qui peuvent nous donner, selon notre hypothèse, des connaissances au moins conjecturales sur les masses relatives des molécules et sur leur nombre dans ces combinaisons, et comparons-les avec les suppositions de Dalton.

M. Gay-Lussac a fait voir qu'en supposant que l'acide sulfurique sec est composé de 100 de soufre et 138 d'oxygène en poids, ainsi que les derniers travaux des chimistes l'ont établi, et que la densité du gaz acide sulfureux est 2,265, celle de l'air étant prise pour unité, comme Kirwan l'a déterminée, et en admettant que l'acide sulfurique est composé de deux parties en volume de gaz acide sulfureux et une de gaz oxygène, ainsi que cela résulte des expériences de Gay-Lussac, le volume de l'acide sulfureux est à peu près le même que celui du gaz oxygène qui y entre ; et cette égalité se trouverait exacte si les bases sur lesquelles on a établi le calcul l'étaient elles-mêmes. Si on suppose la détermination de Kirwan exacte, et qu'on rejette toute l'erreur sur l'analyse de l'acide sulfurique, on trouve dans l'acide sulfureux que 100 de soufre en poids prennent 95,02 d'oxygène, et par conséquent dans l'acide sulfurique $95{,}02 + \frac{95{,}02}{2} = 142{,}53$ au lieu de 138. Si au contraire on suppose l'analyse de l'acide sulfurique exacte, il s'ensuivra que l'acide sulfureux contient 92 d'oxygène sur 100 de soufre, et sa pesanteur spécifique devra être 2,30314 au lieu de 2,265.

Une réflexion paraît nous porter à prendre le premier parti jusqu'à ce que la densité du gaz acide sulfureux ait été confirmée ou rectifiée par de nouvelles expériences; c'est qu'il a dû y avoir dans la détermination de la composition de l'acide sulfurique une cause d'erreur tendant à augmenter la quantité du radical ou, ce qui revient au même, à y diminuer celle de l'oxygène. Cette détermination a été faite par la quantité d'acide sulfurique sec produit. Or il paraît à peu près certain que le soufre ordinaire contient de l'hydrogène ; on a donc ajouté au poids véritable du radical celui de cet hydrogène qui a dû se convertir en eau dans cette opération. Je supposerai donc l'acide sulfureux composé de 92,02 d'oxygène sur 100 de soufre, ou plutôt de radical sulfurique au lieu de 92[1].

1. Ceci était écrit avant que j'eusse vu le Mémoire de M. Davy sur l'acide oxi-muriatique qui contient aussi de nouvelles expériences sur le soufre et le phosphore. Il y détermine la densité du gaz acide sulfureux et ne la trouve que de 2,0967. Si on admet cette densité, on trouve que dans l'acide sulfureux 100 de soufre prennent 111 d'oxygène en poids, et dans l'acide sulfurique 167 au lieu de 138 ; mais peut-être cette densité du gaz acide sulfureux, selon Davy, pèche-t-elle par défaut.

Pour déterminer maintenant la masse de la molécule du radical sulfurique, il faudrait savoir quelle serait la proportion en volume de ce radical supposé gazeux, par rapport à l'oxygène, dans la formation de l'acide sulfureux. L'analogie tirée des autres combinaisons dont nous avons déjà parlé, où il y a en général redoublement de volume, ou partage de la molécule en deux, nous porte à supposer qu'il en est de même de celle dont il s'agit, c'est-à-dire que le volume du gaz de soufre est la moitié de celui de l'acide sulfureux, et par conséquent aussi du gaz oxygène qui y entre. Dans cette supposition, la densité du gaz de soufre sera à celle de l'oxygène comme 100 à $\frac{95,02}{2}$, ou 47,51 ; ce qui donne 2,323 pour cette densité du gaz de soufre, en prenant pour unité celle de l'air. Les masses des molécules étant, selon notre hypothèse, dans le même rapport que les densités des gaz auxquels elles appartiennent, la masse de la molécule du radical sulfurique sera à celle de l'hydrogène comme 2,323 à 0,07321, ou comme 31,73 à 1. Une de ces molécules combinées, d'après ce que nous avons dit, avec deux d'oxygène, formera l'acide sulfureux, abstraction faite du partage, et combinée encore avec une molécule d'oxygène de plus, formera l'acide sulfurique. D'après cela, l'acide sulfureux sera analogue, pour le nombre relatif des molécules de ses composants, à l'acide nitrique (NO^2) et l'acide sulfurique n'aura point d'analogue relativement à l'azote. La molécule de l'acide sulfureux, eu égard au partage, sera égale à $\frac{31,73 + 2.15,074}{2}$, ou 30,94, comme on l'obtiendrait aussi immédiatement en divisant la densité 2,265 du gaz acide sulfureux par celle du gaz hydrogène. Quant à celle de l'acide sulfurique on ne peut la déterminer, parce qu'on ne sait s'il y a encore partage ultérieur, ou non, de la molécule dans sa formation[1].

1. M. Davy, dans le Mémoire cité, a fait les mêmes suppositions sur le nombre relatif des molécules d'oxygène et de radical dans les acides sulfureux et sulfuriques. En partant, d'ailleurs, de la détermination de la densité du gaz acide sulfureux, on trouve que la densité du radical sulfurique serait 1,9862, et sa molécule, en prenant pour unité celle de l'hydrogène, 27,13. Davy, par un calcul analogue, la fixe à la moitié environ, savoir, 13,7, parce qu'il suppose, d'après l'hypothèse de Dalton sur l'eau, la molécule de l'oxygène égale à la moitié environ de la nôtre.

Il trouve la même masse à peu près, savoir 13,4, en partant de la densité du gaz

Dalton avait supposé que l'acide sulfurique était composé de deux molécules d'oxygène sur une de radical, et l'acide sulfureux d'une molécule d'oxygène et d'une de soufre. Ces deux suppositions sont incompatibles entre elles, d'après les résultats de Gay-Lussac, selon lesquels les quantités d'oxygène dans ces deux acides, pour une quantité donnée de radical, sont représentées par 1 et $1\frac{1}{2}$. Il est parti, d'ailleurs, pour la détermination de la molécule, d'une fausse évaluation de la composition de l'acide sulfurique, et ce n'est que par accident que la masse 15, qu'il lui assigne, se trouve avoir avec la masse de celle de l'oxygène, selon lui, un rapport approchant de celui que les masses de ces deux substances présentent selon nos hypothèses.

Voyons maintenant quelle conjecture nous pouvons former sur la masse de la molécule d'une substance qui joue dans la nature un beaucoup plus grand rôle que le soufre, savoir, celle du carbone. Comme il est certain que le volume de l'acide carbonique est égal à celui du gaz oxygène qui y entre, si l'on admet que le volume du carbone qui en forme l'autre élément, supposé gazeux, se double par le partage des molécules en deux, comme dans plusieurs combinaisons de ce genre, il faudra supposer que ce volume est la moitié

hydrogène sulfuré qui est, d'après ces expériences, 1,0645, résultat peu différent de celui de Kirwan, et supposant que ce gaz (qui contient, comme on le sait, un volume égal au sien de gaz hydrogène uni au soufre) est composé d'une molécule de soufre et d'une hydrogène. Comme nous supposons la molécule du soufre à peu près double, nous devons admettre que ce gaz résulte de l'union d'une molécule de ce radical avec deux au moins d'hydrogène, et que son volume est double de celui de ce radical supposé gazeux, comme dans tant d'autres cas. Je dis : au moins avec deux molécules d'hydrogène, car s'il y avait déjà de l'hydrogène dans le soufre ordinaire, comme les expériences connues sur cette substance l'indiquent, il faudrait y ajouter cette quantité. Si, par exemple, le soufre ordinaire était composé d'une molécule de radical sulfurique et d'hydrogène, l'hydrogène sulfuré le serait de trois molécules d'hydrogène sur une de radical. Cela pourrait se décider par la comparaison de la pesanteur spécifique du gaz hydrogène sulfuré, avec celle du gaz acide sulfureux, si on les connaissait toutes deux exactement. Par exemple, en supposant exacte celle du gaz hydrogène sulfuré, selon Davy, la molécule du radical sulfurique dans la supposition de deux molécules d'hydrogène seulement serait 27,08, en prenant celle de l'hydrogène pour unité ; mais dans la supposition de trois molécules d'hydrogène, 27,08 serait encore la somme d'une molécule de radical avec une d'hydrogène, et la première se réduirait en conséquence à 26,08. Si la densité du gaz acide sulfureux supposée exacte confirmait l'un ou l'autre de ces résultats, elle confirmerait par là l'une ou l'autre de ces hypothèses ; mais on n'est pas encore assez d'accord sur ces densités, pour pouvoir tirer aucune conclusion, à cet égard, des déterminations qu'on en a jusqu'ici.

de celui du gaz oxygène avec lequel il se combine, et par conséquent l'acide carbonique résulte de l'union d'une molécule de carbone et deux d'oxygène, et est ainsi analogue aux acides sulfureux et nitrique (NO^2), selon nos suppositions précédentes. En ce cas on trouve, d'après la proportion en poids entre l'oxygène et le carbone, que la densité du gaz de carbone serait 0,832, en prenant pour unité celle de l'air, et la masse de sa molécule 11,367, en prenant pour unité celle de l'hydrogène. Cette supposition a cependant une difficulté contre elle c'est de donner à la molécule du carbone une masse moindre que celle de l'azote et de l'oxygène, tandis qu'on serait porté à attribuer la solidité de son agrégation dans les températures les plus élevées à une masse plus considérable de molécules, ainsi que cela s'observe dans les radicaux sulfurique et phosphorique. On arriverait à un résultat qui serait à l'abri de cette difficulté en supposant dans la formation de l'acide carbonique un partage de la molécule en quatre, ou même en huit; car on aurait par là la molécule du carbone double ou quadruple de celle que nous venons d'établir; mais cette composition ne serait analogue à celle d'aucun des autres acides; et d'ailleurs la forme gazeuse ou non, d'après d'autres exemples que nous en avons, ne paraît pas dépendre uniquement de la grosseur de la molécule, mais aussi de quelqu'autre propriété inconnue des substances. Ainsi nous voyons l'acide sulfureux sous la forme de gaz à la pression et température habituelle de l'atmosphère avec une molécule très considérable, et à peu près égale à celle du radical sulfurique qui est un solide. Le gaz acide muriatique oxygéné a une densité, et par conséquent une masse de molécule encore plus considérable. Le mercure qui, comme nous verrons ci-après, doit avoir une molécule extrêmement grosse, est cependant gazeux à une température infiniment inférieure à celle qui rendrait tel le fer dont la molécule est moins considérable. Ainsi rien n'empêche que nous regardions l'acide carbonique comme composé de la manière indiquée ci-dessus et par là analogue aux acides nitrique et sulfureux, et la molécule du carbone comme ayant une masse exprimée par 11,36.

Dalton a fait la même supposition que nous sur la composition de l'acide carbonique et a été conduit par là à attribuer au carbone une molécule 4,4, qui est celle du gaz oxygène, selon lui, à peu près dans le même rapport que 11,36 est à 15, masse de molécule de l'oxygène selon nous.

En supposant la masse et la densité indiquées à la molécule du carbone et au gaz de cette substance, le gaz oxyde de carbone sera formé, d'après les expériences de M. Gay-Lussac, de parties égales en volume de gaz de carbone et de gaz oxygène, et son volume sera égal à la somme des volumes de ses composants ; par conséquent il sera formé du carbone et de l'oxygène unis molécule à molécule avec partage en deux ; le tout dans une parfaite analogie avec le gaz nitreux (NO).

La masse de la molécule de l'acide carbonique sera :

$$\frac{11,36 + 2.\ 15,074}{2} = 20,75 = \frac{1,5196}{0,07321}$$

et celle du gaz oxyde de carbone sera :

$$\frac{11,36 + 15,074}{2} = 13,22 = \frac{0,96782}{0,07321}$$

V

Parmi les substances simples non métalliques, il en est une dont il nous reste à parler, qui, étant naturellement gazeuse, ne peut laisser de doute, d'après nos principes, sur la masse de sa molécule, mais sur laquelle les dernières expériences de M. Davy, et celles mêmes antérieures de MM. Gay-Lussac et Thénard nous forcent de nous éloigner des idées reçues jusqu'ici, quoique ces deux derniers chimistes eussent encore essayé de les expliquer d'après ces idées. On voit bien qu'il s'agit de la substance connue jusqu'ici sous le nom d'acide muriatique oxygéné, ou acide oxy-muriatique. On ne peut plus en effet, dans l'état actuel de nos connaissances, regarder cette substance que comme encore indécomposée, et l'acide muriatique que comme un composé de cette substance et d'hydrogène. C'est donc d'après cette théorie que nous appliquerons à ces deux substances nos principes sur les combinaisons.

La densité de l'acide oxy-muriatique, selon MM. Gay-Lussac et Thénard est 2,470, celle de l'air atmosphérique étant prise pour unité ; cela donne pour sa molécule, en prenant pour unité celle de l'hydrogène, 33,74, en partant de la densité du gaz hydrogène déterminée par MM. Biot et Arago. Selon Davy, 100 pouces cubes anglais de gaz oxy-muriatique pèsent 74,5 grains, tandis que, selon le même, un égal volume de gaz hydrogène en pèse 2,27. Cela donnerait pour la molécule de cette substance $\frac{74,5}{2,27} = 32,82$. Ces deux évaluations diffèrent fort peu de la masse que M. Davy lui-même assigne à cette substance d'après d'autres considérations, savoir 32,9. Il résulte tant des expériences de Gay-Lussac et Thénard que de celles de Davy que le gaz acide muriatique est formé de la combinaison de volumes égaux de gaz oxy-muriatique et hydrogène, et que son volume est égal à leur somme ; cela veut dire, selon notre hypothèse, que l'acide muriatique se forme de ces deux substances unies molécule à molécule avec partage de la molécule en deux, comme nous en avons déjà vu tant d'exemples. D'après cela, la densité du gaz acide muriatique, en partant de celle du gaz oxy-muriatique marquée ci-dessus, devait être 1,272 ; elle est 1,278 selon les expériences de MM. Biot et Gay-Lussac. Si on suppose cette dernière détermination exacte, la densité du gaz oxy-muriatique devra être 2,483, et la masse de sa molécule 33,91. Si l'on veut adopter de préférence cette évaluation, la masse de la molécule de l'acide muriatique sera $\frac{34,91}{2} = 17,45 = \frac{1,278}{0,07321}$. La détermination de la pesanteur spécifique du gaz acide muriatique par Davy, selon laquelle 100 pouces cubes de gaz pèsent 39 grains, donnerait des nombres peu différents, savoir, 33,36 pour la masse de la molécule de l'acide oxy-muriatique et 17,18 pour celle de l'acide muriatique.

VI

En lisant ce Mémoire, on aura pu remarquer, en général, qu'il y a beaucoup de points d'accord entre nos résultats particuliers et ceux de Dalton, quoique nous soyons partis d'un principe général et que Dalton ne se soit réglé que sur des considérations particulières. Cet accord déposait en faveur de notre hypothèse, qui n'est au fond que le système de Dalton, muni d'un nouveau moyen de précision par la liaison que nous y avons trouvée avec le fait général établi par M. Gay-Lussac. Ce système suppose que les combinaisons se font en général en proportions fixes, et c'est ce que l'expérience fait voir par rapport aux combinaisons les plus stables et les plus intéressantes pour les chimistes. Ce sont les seules qui puissent avoir lieu, à ce qu'il paraît, entre les gaz, à cause de la grosseur énorme des molécules qui résulteraient de rapports exprimés par de plus grands nombres de chimistes, malgré le partage des molécules qui est probablement resserré dans d'étroites limites. On entrevoit que le rapprochement des molécules dans les corps solides et liquides, ne laissant plus entre les molécules intégrantes que des distances de même ordre que celles des molécules élémentaires, peut donner lieu à des rapports plus compliqués et même à des combinaisons en toute proportion ; mais ces combinaisons seront pour ainsi dire d'un autre genre que celles dont nous nous sommes occupés, et cette distinction peut servir à concilier les idées de M. Berthollet sur les combinaisons avec la théorie des proportions fixes.

LETTRE

De M. AMPÈRE à M. le Comte BERTHOLLET,

sur la détermination des proportions dans lesquelles les corps se combinent d'après le nombre et la disposition respective des molécules dont leurs particules intégrantes sont composées.

(*Annales de Chimie*, XC. 43 [1814].)

AMPÈRE (André-Marie) [1775-1836] naquit à Polémieux près de Lyon. Fils d'un négociant peu fortuné, il fit son éducation à peu près seul, en dévorant tous les ouvrages qui lui tombaient sous la main, théâtre, histoire, mathématiques. A dix-huit ans, il avait lu la *Mécanique analytique* de Lagrange et savait par cœur des chapitres entiers de la *Grande Encyclopédie*. Professeur à l'École Centrale de Bourg, puis au lycée de Lyon, il fut bientôt nommé répétiteur à l'École polytechnique. A trente-deux ans, il était nommé professeur à cette École et inspecteur général de l'instruction publique. Cinq ans plus tard, il entrait à l'Académie des Sciences. Il s'était jusque-là occupé exclusivement de mathématiques et s'était fait connaître par la publication de quelques mémoires remarquables : *Considérations sur la théorie mathématique du jeu*, *Application du calcul des variations à la mécanique*, *Recherches sur quelques points de la théorie des fonctions dérivées*, *Intégration des équations aux dérivées partielles*.

Ayant vu, en 1820, répéter devant l'Académie la célèbre expérience d'Oersted, il se consacra, pendant sept années consécutives, à l'étude des actions réciproques des courants, devenant habile expérimentateur pour contrôler ses déductions mathématiques, et parvint ainsi à édifier la célèbre théorie mathématique des phénomènes électro-magnétiques qui devait immortaliser son nom et qui a été le point de départ de toute la science, de toute l'industrie électrique moderne.

D'une nature poétique et sentimentale, il échangea à vingt et un ans, avec sa fiancée Julie Caron, des lettres d'amour qui, publiées longtemps après sa mort, le firent mieux connaître que tous les éloges académiques. Son existence fut particulièrement triste ; il perdit sa femme après trois ans de mariage et de maladie, se remaria malheureusement et dut, au bout de deux ans, se séparer de sa seconde femme Mauvais professeur, ridiculisé à cause de ses distractions légendaires, incapable de s'astreindre à remplir la moindre obligation administrative, à rédiger, par exemple, un rapport d'inspection, il eut également à souffrir de ses relations avec ses élèves, ses collègues et ses chefs. Il ne rencontra pas dans l'existence les jouissances auxquelles sa bonté et l'élévation de son caractère lui auraient donné droit.

H. L. C.

Ampère proposa, à trois ans d'intervalle, la même interprétation des lois de Gay-Lussac qu'Avogadro. Il ne le fit d'ailleurs que d'une façon tout à fait incidente, au cours d'une étude visant à rattacher la forme cristalline des corps solides à leur composition chimique. Il avait besoin de connaître le nombre de particules distinctes contenues dans chaque molécule d'une combinaison chimique ; il chercha à le déduire des propriétés des corps gazeux. On n'a reproduit ici que les premières pages de son mémoire, les seules où il soit question des combinaisons gazeuses.

Monsieur le Comte,

Vous savez que depuis longtemps l'importante découverte de M. Gay-Lussac sur les proportions simples qu'on observe entre les volumes d'un gaz composé et ceux des gaz composants m'a fait naître l'idée d'une théorie qui explique non seulement les faits découverts par cet habile chimiste et les faits analogues observés depuis, mais qui peut encore s'appliquer à la détermination des proportions d'un grand nombre d'autres composés qui, dans les circonstances ordinaires, n'affectent point l'état gazeux.

Le mémoire dans lequel j'expose cette théorie avec tous les détails nécessaires est presque terminé; mais, comme des occupations d'un autre genre ne me permettent pas d'y travailler actuellement, je m'empresse de répondre au désir que vous m'avez manifesté de la connaître, en vous en présentant un extrait.

Des conséquences déduites de la théorie de l'attraction universelle, considérée comme la cause de la cohésion, et la facilité avec laquelle la lumière traverse les corps transparents, ont conduit les physiciens à penser que les dernières molécules des corps étaient tenues par les forces attractives et répulsives qui leur sont propres, à des distances comme infiniment grandes relativement aux dimensions de ces molécules.

Dès lors leurs formes, qu'aucune observation directe ne peut d'ailleurs nous faire connaître, n'ont plus aucune influence sur les phénomènes que présentent les corps qui en sont composés, et il faut chercher l'explication de ces phénomènes dans la manière dont ces molécules se placent les unes à l'égard des autres pour former ce que je nomme une *particule*. D'après cette notion, on doit considérer une particule comme l'assemblage d'un nombre déterminé de molécules dans une situation déterminée, renfermant entre elles un espace incomparablement plus grand que le volume des molécules; et pour que cet espace ait trois dimensions comparables entre elles, il faut qu'une particule réunisse au moins quatre molécules. Pour exprimer la situation respective des molécules dans une particule, il faut concevoir par les centres de gravité de ces molécules, auxquelles on peut les supposer réduites, des plans situés de manière à laisser d'un même côté toutes les molécules qui se trouvent hors de chaque plan. En supposant qu'aucune molécule ne soit renfermée dans l'espace compris entre ces plans, cet espace sera un polyèdre dont chaque molécule occupera un sommet, et il suffira de nommer ce polyèdre pour exprimer la situation respective des molécules dont se compose une particule. Je donnerai à ce polyèdre le nom de *forme représentative de la particule.*

Les corps cristallisés étant formés par la juxtaposition régulière des particules, la division mécanique y indiquera des plans parallèles aux faces de ce polyèdre; mais elle pourra en indiquer d'autres résultant des diverses lois de décroissement : rien n'empêche d'ailleurs que ceux-ci ne soient souvent plus faciles à obtenir qu'une partie des premiers, et dès lors la division mécanique peut bien fournir des conjectures, mais seulement des conjectures, pour la détermination des formes représentatives. Il est un autre moyen de connaître ces formes, c'est de déterminer, par le rapport des composants d'un corps, le nombre des molécules qui se trouve dans chaque particule de ce corps. Je suis parti, pour cela, de la supposition que dans le cas où les corps passent à l'état de gaz, leurs particules seules soient séparées et écartées les unes des autres par la force expansive du calorique à des distances beaucoup plus grandes que celles où les forces d'affinité et de cohésion ont une action appréciable, en sorte que ces distances ne dépendent que de la température et de la pression que supporte le gaz et qu'à des températures égales, les particules de tous les gaz, soit simples, soit composés, sont placées à la même distance les unes des autres. Le nombre des particules est, dans cette supposition, proportionnel au volume des gaz [1]. Quelles que soient les raisons théoriques qui me semblent l'appuyer, on peut ne la considérer que comme une hypothèse; mais en comparant les conséquences qui en sont une suite nécessaire avec les phénomènes ou les propriétés que nous observons; si elle s'accorde avec tous les résultats connus de l'expé-

1. Depuis la rédaction de mon Mémoire, j'ai appris que M. Avogadro avait fait de cette dernière idée la base d'un travail sur les proportions des éléments dans les combinaisons chimiques.

rience, si l'on en déduit des conséquences qui se trouvent confirmées par des expériences ultérieures, elle pourra acquérir un degré de probabilité qui approchera de ce qu'on nomme en physique la *certitude*. En la supposant admise, il suffira de connaître les volumes à l'état de gaz d'un corps composé et de ses composants, pour savoir combien une particule du corps composé contient de particules ou de portions de particules des deux composants. Le gaz nitreux contenant, par exemple, la moitié de son volume en oxygène et la moitié en azote, il s'ensuit qu'une particule de gaz nitreux est formée par la réunion de la moitié d'une particule d'oxygène et de la moitié d'une particule d'azote : le gaz formé par la combinaison du chlore et de l'oxyde de carbone contenant des volumes de ces deux gaz qui sont égaux au sien, une de ses particules est formée par la réunion d'une particule de chlore et d'une particule d'oxyde de carbone ; l'eau en vapeur contenant, d'après les belles expériences de M. Gay-Lussac, un volume égal d'hydrogène et la moitié de son volume en oxygène, une de ses particules sera composée d'une particule entière d'hydrogène et de la moitié d'une particule d'oxygène ; par la même raison, une particule de gaz oxyde d'azote contiendra une particule entière d'azote et la moitié d'une particule d'oxygène ; enfin un volume de gaz ammoniacal étant composé d'un demi-volume d'azote et d'un volume et demi d'hydrogène, une particule de ce gaz contiendra la moitié d'une particule d'azote et une particule et demie d'hydrogène.

Si nous admettons, comme la supposition la plus simple, supposition qui me paraît d'ailleurs suffisamment justifiée par l'accord des conséquences que j'en ai déduites avec les phénomènes, que les particules de l'oxygène, de l'azote et de l'hydrogène sont composés de quatre molécules, nous en conclurons que celles du gaz nitreux sont aussi composées de quatre molécules, deux d'oxygène et deux d'azote ; celles du gaz oxyde d'azote, de six molécules, quatre d'azote et deux d'oxygène ; celles de la vapeur d'eau, de six molécules, quatre d'hydrogène et deux d'oxygène, et celles du gaz ammoniacal, de huit molécules, six d'hydrogène et deux d'azote.

La supposition que les particules du chlore sont aussi

composées de quatre molécules, ne peut s'accorder avec les phénomènes que présente ce gaz dans ses diverses combinaisons ; on est amené nécessairement, pour rendre raison de ces phénomènes, à admettre huit molécules dans chacune de ses particules, et à supposer, ou que ces molécules sont de même nature, ou que les particules du chlore contiennent quatre molécules d'oxygène et quatre molécules d'un corps combustible inconnu.

. . . .

MÉMOIRE

sur quelques points de la théorie atomistique.

Par M. J.-B. DUMAS.

(*Annales de Chimie et de Physique*, XXXIII, 337 [1826].)

Dumas (Jean-Baptiste) [1800-1884] naquit à Alais (Gard). D'une famille nombreuse, il dut, dès sa sortie de l'École communale, commencer à gagner sa vie ; il entra comme élève chez un pharmacien de sa ville natale, mais, poussé bientôt par un désir insatiable de s'instruire, il partit à pied pour Genève, où il se plaça chez le pharmacien Leroyer pour suivre en même temps dans cette ville les cours de l'Université. Rapidement apprécié par ses maîtres, Candolle, Pictet, de la Rive, il fut chaudement recommandé par eux à Arago et obtint ainsi, à vingt-quatre ans, le poste de répétiteur de Thénard au cours de chimie de l'École polytechnique. Les places dans l'enseignement n'étaient pas encore devenues des fonctions administratives où l'avancement se fait à l'ancienneté. L'École polytechnique pouvait alors s'attacher de tout jeunes gens, comme Gay-Lussac, Dumas, Regnault, qui illustrèrent ensuite, par leurs travaux scientifiques et leur enseignement, le nom de cette École.

L'existence de Dumas comprend quatre périodes distinctes.

Pendant toute sa jeunesse, jusqu'à l'âge de vingt-cinq ans, il travailla avec une ardeur inlassable à son développement intellectuel, s'intéressant également aux questions scientifiques, littéraires, philosophiques et même artistiques.

De vingt-cinq à cinquante ans, il consacra tout son temps à la production scientifique, déployant une ardeur au travail qui a été rarement égalée. Dans chacune de ses nombreuses expériences sur la composition de l'eau, par exemple, il se mettait au travail à six heures du matin et restait au laboratoire jusqu'au milieu de la nuit suivante, vers trois heures, pour achever les dernières pesées. Parmi ses travaux les plus connus, on cite la découverte des amides, l'étude fondamentale de la constitution des alcools et des éthers; d'importantes recherches sur les alcaloïdes et sur l'indigo; en chimie minérale, la détermination précise de la composition de l'air, de l'eau et de l'acide carbonique poursuivie en collaboration avec Stas et Boussingault. Mais son influence dominante sur les progrès de la chimie se rattache à sa préoccupation constante de rechercher dans tout problème scientifique le côté philosophique. S'il se donna autant de peine pour déterminer par des analyses précises de l'eau et de l'acide carbonique, les poids atomiques exacts de l'hydrogène, de l'oxygène et du carbone, ce fut uniquement pour résoudre le problème posé par Proust, relatif à l'existence de rapports numériques simples entre les poids atomiques de tous les corps, la vérification de cette hypothèse devant avoir une répercussion profonde sur nos conceptions de la matière. Il entreprit ses recherches sur les densités de vapeurs pour arriver à la détermination des véritables poids proportionnels de combinaison. Dans le même ordre d'idées, il donna sa classification des métalloïdes restée jusqu'ici classique. Il réussit enfin, grâce à l'autorité de son nom, à imposer aux chimistes la théorie des substitutions de Laurent que son auteur n'avait même pas réussi à faire connaître. En 1836, il résuma ces notions de chimie générale dans des conférences sur la philosophie chimique qui eurent un immense retentissement et peuvent aujourd'hui encore être lues avec grand profit.

Dumas occupa successivement ou simultanément les chaires de chimie à l'École polytechnique, à la Sorbonne, dont il devint le doyen, et à l'École de médecine. Il exerça surtout une grande action autour de lui par les conseils et les encouragements qu'il donnait aux jeunes chimistes, faisant pour eux ce que ses premiers maîtres de Genève avaient fait pour lui. Pasteur parlait toujours avec émotion de l'influence bienfaisante que Dumas avait ainsi exercée sur lui.

De cinquante à soixante-dix ans, Dumas se consacra exclusivement à la politique et à l'administration. Successivement député, ministre et sénateur, il fut en même temps président du conseil municipal de Paris, du Conseil supérieur de l'Instruction publique, de la Société d'encouragement pour l'industrie nationale et d'un grand nombre d'autres sociétés et de commissions. Il y exerça une influence considérable et éminemment bienfaisante pour le pays ;

aussi fut-il, de son vivant, comblé de gloire et d'honneurs. Mais le souvenir de ses services est maintenant effacé devant le souvenir de ses titres scientifiques. Cette action passée ne nous est plus guère rappelée que par les nombreux bustes, portraits et médaillons conservés dans nos salles de réunion ou nos laboratoires. Et pourtant l'œuvre de l'administrateur fut aussi grande et aussi belle que celle du savant. Il suffit de rappeler la création de l'École centrale des Arts et Manufactures, l'organisation de l'éclairage au gaz de la ville de Paris, l'enquête agricole sur les engrais, la lutte contre le phylloxéra, la fondation du bureau international des poids et mesures. L'accomplissement d'une œuvre semblable exigeait une activité dévorante qui provoqua parfois quelques frottements. Dumas exigeait de ses collaborateurs la même ardeur au travail et souvent l'exercice de son autorité parut un peu dur à des collègues trop enclins à considérer les réunions de commissions comme d'agréables occasions de flânerie.

Après la chute de l'Empire, âgé de soixante-dix ans, Dumas se retira de la vie publique, achevant une heureuse vieillesse entouré de la sympathie et de la reconnaissance des nombreux savants qu'il avait jadis guidés de ses conseils et appuyés de son influence. Il se remit au travail et entra au laboratoire de Pasteur où il publia, comme dernière œuvre scientifique, une étude sur les fermentations.

On ne saurait mieux dépeindre ce grand savant qu'en reproduisant les paroles prononcées en 1889 par Pasteur, lors de l'érection du monument commémoratif qui orne une des places publiques de sa ville natale, Alais :

« Il est un petit nombre d'hommes aussi bien faits pour le travail silencieux que pour le débat des grandes assemblées ; en dehors des études personnelles, qui leur assurent dans la postérité une place à part, ils ont l'esprit attentif à toutes les idées générales et le cœur ouvert à tous les sentiments généreux. Ces hommes-là sont les esprits tutélaires d'une nation. »

H. L. C.

Dumas eut le sentiment, sinon la vision très nette, des services que l'hypothèse d'Avogadro et d'Ampère devait rendre pour le choix des nombres proportionnels de combinaison. Cette préoccupation l'engagea à déterminer avec plus de précision qu'on ne l'avait fait jusque-là les densités des gaz et des vapeurs. Dans son mémoire sur la théorie atomistique reproduit ici, il décrit ses méthodes expérimentales et donne les résultats de ses mesures, mais il n'en tire aucune conséquence pour le but qu'il poursuivait. Tout en reproduisant dans les premières pages la distinction essentielle entre les molécules gazeuses et les fractions de molécules entrant en réaction chimique, il ne semble pas s'être assez pénétré de cette distinction pour l'appliquer à ses données expérimentales, pour oser proclamer la nécessité d'avoir deux poids proportionnels distincts pour chaque corps, un poids moléculaire et un poids atomique.

Depuis la création de la théorie atomistique, les résultats déduits de cette admirable conception ont acquis chaque jour une importance nouvelle et sont devenus la base de toutes les recherches de chimie qui exigent quelque précision. Les tentatives les plus récentes n'ont fourni toutefois, relativement aux poids absolus des atomes, que des données trop vagues pour qu'on puisse les regarder comme définitives. Cette incertitude provient sans doute de ce qu'on a suivi, dans ce genre de discussion, des méthodes diverses qui parfois conduisent au même résultat, mais qui, dans plusieurs cas, paraissent difficiles à concilier. L'état de doute dans lequel on se trouve à cet égard doit être vivement apprécié par toutes les personnes qui se livrent à l'étude de la chimie, car la plupart des considérations générales auxquelles on s'est élevé dans ces derniers temps ne sont vraies que dans des conditions données et changent d'énoncé si l'on substitue aux poids d'atomes sur lesquels elles reposent, ceux auxquels on a été conduit pour satisfaire à d'autres lois.

Je me suis déterminé à faire une série d'expériences pour arriver au poids de l'atome (molécule) d'un grand nombre de corps au moyen de leur densité à l'état de gaz ou de vapeur. Il ne reste, dans ce cas, qu'une seule hypothèse à faire, et tous les physiciens sont d'accord à cet égard. Elle consiste à supposer que, dans tous les fluides élastiques sous les mêmes conditions, les molécules se trouvent placées à égale distance, c'est-à-dire qu'elles sont en même nombre.

Le résultat le plus immédiat de cette manière d'envisager la question a été déjà savamment discuté par M. Ampère; mais il ne paraît avoir encore été admis dans la pratique par aucun chimiste, si ce n'est par M. Gay-Lussac. Il consiste à considérer les molécules des gaz simples comme étant susceptibles d'une division ultérieure, division qui se produit au moment de la combinaison et qui varie suivant la nature du composé. Bien que cette conséquence ne soit pas encore généralement admise, il est impossible de l'éviter lorsqu'on regarde comme vraie la supposition précédente sur la constitution des corps gazeux. En considérant la question sous ce point de vue, on s'aperçoit bientôt que la détermination des véritables atomes par les gaz ou les vapeurs offre des difficultés insurmontables dans l'état actuel de la science. En effet, si les molécules (atomes) d'un corps simple, en passant à l'état gazeux, restent encore groupées en certain nombre, nous pouvons bien comparer ces corps dans des conditions telles qu'ils renferment le même nombre de ces groupes (molécules); mais il nous est impossible d'arriver pour le moment à connaître combien, dans chacun de ceux-ci, il existe de molécules élémentaires (atomes).

Mais, si l'on doit momentanément renoncer à ce genre de détermination, il est pourtant d'un grand intérêt d'établir d'une manière précise la densité de la vapeur des corps simples et composés, autant que leur nature le comporte. C'est en effet le seul procédé au moyen duquel nous puissions arriver à leur composition réelle. C'est aussi le seul qui puisse fournir à la science des résultats propres à éclaircir toutes les questions relatives soit à l'arrangement moléculaire des corps au moment de leur union, soit aux propriétés générales des molécules elles-mêmes.

Dans le système adopté par M. Berzélius, on a suivi pour la formation des composés un plan général qui consiste à représenter leurs atomes comme s'ils étaient formés par des atomes simples réunis, toujours en nombres entiers. Ainsi, dans ce système, l'eau résulte de deux atomes d'hydrogène et d'un atome d'oxygène, l'acide hydrochlorique d'un atome de chlore et d'un atome d'hydrogène, tandis que, pour être conséquent avec les idées énoncées sur la constitution des gaz, il faudrait représenter l'eau par un atome (molécule) d'hydrogène et un demi-atome (atome) d'oxygène, l'acide hydrochlorique par un demi-atome de chlore et un demi-atome d'hydrogène.

La formule d'un composé devrait donc toujours représenter

ce qui entre dans un volume de ce corps pris à l'état gazeux.

Il faut avouer que les connaissances que nous possédons à cet égard rendent difficile l'emploi de cette règle. Nous n'avons encore que quatre corps simples dont la densité ait été déterminée directement, ce qui ne permet guère d'arriver à des lois générales sur le mode de division que leurs molécules éprouvent en passant à l'état de combinaison. La science est presque aussi pauvre en résultats relatifs aux corps composés. Le travail que j'ai entrepris a pour but de rassembler toutes les données de ce genre que l'on peut acquérir, et de chercher les lois qui président à l'arrangement moléculaire des gaz ou des vapeurs. Avant de me permettre aucune conclusion générale sur cet objet, j'ai voulu réunir tous les résultats que je pouvais obtenir; mais j'ai rencontré, dans plus d'un cas, des difficultés si singulières que j'ai dû me déterminer à examiner de nouveau les données analytiques, et par conséquent à publier successivement les faits que j'ai observés. L'enchaînement des idées et la nécessité d'étudier chaque question sous ses diverses faces me conduira nécessairement à un travail de trop longue durée pour que je puisse en attendre le terme sans prendre date de temps à autre des principaux résultats d'une manière authentique.

Outre le but essentiel de cette série de recherches qui consiste à remplacer par des notions positives les données arbitraires sur lesquelles repose la théorie atomistique presque tout entière, je m'en suis proposé un autre non moins important à mes yeux. C'est la classification naturelle des corps simples.

J'entends par classification naturelle une disposition de ces corps en groupes fondés sur des caractères assez importants pour qu'on puisse les regarder comme capables de déterminer toutes les propriétés secondaires.

Ces caractères sont les divers modes de combinaison du corps, sa capacité pour la chaleur et le volume de son atome pris à l'état solide. Ce dernier caractère, sur lequel je me propose d'attirer bientôt l'attention de l'Académie, paraît de la plus grande importance en ce qu'il montre la véritable cause de l'isomorphisme de certains corps, et qu'il permet de le prévoir dans quelques cas où il n'a pas été observé.

J'espère qu'en réunissant ainsi toutes les données que l'état de la science permet d'atteindre, je pourrai parvenir à éclaircir les principaux points de la théorie atomistique et à poser les bases d'une classification véritablement naturelle dans le sens qu'on attache à ce mot en botanique et en zoologie. Les groupes que je cherche à former devant réunir les corps dont les molécules possèdent des propriétés semblables, ils offriront pour l'étude une facilité très grande, en même temps qu'ils indiqueront des analogies propres à conduire d'une manière sûre à la découverte de nouveaux composés.

Avant d'entrer en matière, je dois faire connaître d'une manière générale les procédés que j'ai employés dans ces expériences. Lorsque je l'ai pu, j'ai pris la densité des gaz par les procédés connus et par les moyens ordinaires ; mais comme je n'ai pas trouvé souvent l'occasion de peser des gaz purs, j'ai eu soin d'indiquer, dans chaque cas particulier, les précautions que j'ai été forcé de prendre. Quant aux vapeurs, je me suis servi tantôt de l'appareil bien connu de M. Gay-Lussac, tantôt d'un moyen plus simple que je crois susceptible de la plus grande précision. J'ai été forcé de chercher un procédé différent de ceux que M. Gay-Lussac et M. Despretz avaient fait connaître, par la nécessité où je me suis trouvé de peser la vapeur de certains corps qui attaquaient le mercure. Après quelques tentatives, je me suis arrêté à la méthode suivante, qui deviendra, j'en suis sûr, tout à fait usuelle dans les laboratoires, par sa simplicité. Elle s'applique d'ailleurs à tous les corps susceptibles d'entrer en ébullition à une température moindre que celle où le verre commence à se ramollir.

Elle consiste en général à remplir de la vapeur que l'on veut étudier un ballon d'une capacité connue, sous la pression de l'atmosphère et à une température déterminée, nécessairement supérieure au point d'ébullition du corps. On parvient à réaliser ces conditions en plaçant dans un ballon à col effilé un excès de la matière, et élevant la température à un degré convenable. Lorsqu'on veut mettre fin à l'expérience, on ferme le bec du ballon au moyen d'un chalumeau. On observe la température du ballon et la pression atmosphérique, puis on détermine le poids de la matière restant dans le vase et le volume de celui-ci. Ces données suffisent pour arriver au résultat.

La seule condition difficile à obtenir, c'est l'égalité de température et sa détermination exacte. On peut y arriver cependant en plaçant le ballon dans un bain d'eau bouillante ou dans un bain d'acide sulfurique plus ou moins concentré, ou bien enfin dans un bain d'alliage fusible de M. d'Arcet. Dans le premier cas, la température est déterminée; dans le second, on peut employer le thermomètre à mercure; mais dans le troisième, on est obligé de faire usage du thermomètre à air.

Persuadé que ce procédé deviendra d'un usage fréquent, je crois devoir entrer dans quelques détails sur les diverses modifications dont il est susceptible, et sur la manière d'en calculer les résultats.

J'emploie trois appareils différents. Le premier pour les températures de 150° à 200° C; le second pour celles qui ne dépassent pas 150° C; le troisième peut aller jusqu'au rouge naissant.

Dans le premier cas, on fixe une masse de plomb (fig. 1; P) à la partie inférieure du ballon au moyen d'une lame en plomb (LL) qu'on rattache autour du col du ballon, soit au moyen d'un fil de platine, soit au moyen d'une lame de plomb. On dispose alors le ballon ainsi lesté dans une cloche de verre enterrée dans le bain de sable (SS), que contient une bassine de fer. On verse dans la cloche de verre de l'acide sulfurique concentré jusqu'à deux pouces de son bord (RR), puis on recouvre la cloche d'une lame de cuivre (II) percée d'un petit trou pour laisser passer la pointe du ballon, et de deux autres plus grands pour plonger les thermomètres. Autour de la pointe du ballon on place quelques charbons incandescents (CC), qui empêchent la condensation dans ce point de l'excès de matière introduite dans le ballon. Toutes ces dispositions faites, on allume du feu dans le fourneau, et on élève la température assez vivement jusqu'à 10 ou 12° au-dessous du point d'ébullition de la matière. Mais, à cette époque, il faut modérer le feu pour que le jet de vapeur provenant de l'excès du corps employé ne soit point trop rapide. On porte ainsi peu à peu la température jusqu'à 30 ou 40° au dessus du point d'ébullition du corps, et lorsqu'on est parvenu à peu près au terme où l'on veut s'arrêter, on ferme les issues du fourneau, on laisse l'équilibre de température s'établir, et d'un trait de chalumeau on ferme la pointe du ballon. On note la température du bain et la pression atmosphérique. Après le refroidissement de l'appareil, on pèse le ballon, ce qui donne le poids de la vapeur. On casse ensuite sa pointe sous l'eau ou sous le mercure, et on mesure l'air, s'il en est resté, pour en tenir compte dans le calcul. On remplit le ballon d'eau distillée, et on le pèse de nouveau afin de connaître sa capacité. On prend enfin, pour la troisième fois, son poids plein d'air sec, et l'expérience est terminée; car on a tous les éléments nécessaires pour déterminer le volume et le poids de la vapeur à une température donnée.

Lorsqu'on n'a besoin que d'une température inférieure à 150° C, on peut modifier cet appareil d'une manière qui en rend l'emploi plus rapide et plus commode. A cet effet (fig. 2), on remplace le lest en plomb par un bocal contenant du mercure (M'). Deux ou trois lames de plomb (LL) fixées par des fils de platine au col du ballon et au rebord du bocal servent à maintenir l'appareil en place. Pour en élever la température, on le met dans une bassine en fer contenant du mercure (MM), et on l'enveloppe d'un manchon qu'on remplit jusqu'en EE, à deux pouces de son bord, soit d'eau pure, soit d'acide sulfurique étendu d'une quantité d'eau convenable, suivant la température qu'on veut atteindre. Pour prévenir les oscillations du manchon, on place à sa partie supérieure une planche (PP) percée d'un trou dont le diamètre est égal à celui de la partie intérieure du manchon lui-même. Elle porte par conséquent sur l'épaisseur du verre. Elle est d'ailleurs armée de quelques barres de fer (BB) ou de plomb qui augmentent son poids et qui donnent à l'ensemble de l'appareil une stabilité parfaite. Enfin on adapte à l'ouverture de la planche une lame de plomb percée (II) semblable à celle de l'appareil précédent, et qui comme elle sert à supporter quelques charbons (CC). On dirige d'ailleurs l'expérience de la même manière et avec les mêmes précautions.

Le dernier de ces appareils s'échauffe plus vite. On voit mieux l'intérieur du ballon, le cylindre de verre est moins sujet à casser; mais on ne peut guère dépasser une température de 150°, à cause de l'emploi du mercure. Le bain de ce métal ayant toujours une température supérieure à celle du liquide, il s'en volatilise dans les parties (OO) une quantité très considérable, dont il est difficile d'éviter les effets dangereux. Le mercure serait d'ailleurs fortement attaqué par un acide capable de supporter une température plus élevée sans bouillir.

Au-dessus de 150°, il faut donc avoir recours au premier appareil. L'expérience est plus lente, elle exige plus de soin dans la manière de chauffer; mais du moins elle n'est accompagnée d'aucun danger, car si la cloche cassait, comme elle est soutenue de toutes parts, on aurait toujours le temps de s'éloigner avant que l'acide se fût répandu dans le bain de sable.

J'ai abandonné complètement l'emploi de l'huile dans ces expériences. A une température élevée, ce liquide noircit lorsqu'il est en contact avec le mercure, et l'on ne voit plus l'intérieur du ballon. En outre, les vapeurs qu'il répand sont fort incommodes, soit par leur effet sur la santé, soit par la facilité avec laquelle elles s'enflamment. Enfin, au bout de quelques expériences, tous les appareils sont tellement salis qu'on éprouve beaucoup de peine et de dégoût dans leur maniement. Je suis convaincu que toutes les personnes qui tenteront des expériences de ce genre trouveront que de tous les liquides, l'acide sulfurique est celui qui offre les moindres inconvénients.

Pour fixer les idées sur l'emploi de ce premier genre d'appareil, je vais rapporter le résultat d'une expérience sur la vapeur d'iode.

Iode. — Les recherches de M. Gay-Lussac sur l'iode ont eu des résultats si nets et si précis qu'il ne peut rester aucune incertitude sur le rôle de ce corps. Prendre directement la densité de sa vapeur était donc une œuvre de surérogation; mais j'ai voulu le faire pour plusieurs raisons : en premier lieu, pour remplacer une hypothèse à la vérité fort probable par une donnée positive; en second lieu, pour vérifier l'exactitude de la méthode dont je me suis servi. Je crois devoir donner quelques détails sur la manière dont j'ai fait une expérience qu'on peut regarder comme assez délicate. J'ai pris de l'iode distillé sur le chlorure de calcium. Il était en beaux cristaux de 8 ou 10 lignes de longueur. Je l'ai introduit dans un ballon de verre dont j'ai effilé le col à la lampe. en laissant à l'orifice un millimètre de diamètre environ. Le ballon a été placé dans un bain d'acide sulfurique qui pouvait atteindre 200° C sans bouillir. La vapeur d'iode s'est développée lentement, et ce n'est qu'à 175° C que la partie effilée du col a menacé de s'obstruer. Au-dessous de ce point, les portions d'iode qui s'y déposaient se volatilisaient rapidement dans l'air, et cette partie du vase était toujours libre. On a donc dès ce moment chauffé la pointe du ballon au moyen d'un charbon que l'on promenait autour d'elle, et on a porté la température du bain lentement jusqu'à 185°. Le ballon a mis plus d'une heure à parvenir de 175° à 185°, et on n'a mis fin à l'expérience que lorsqu'on n'a plus aperçu de gouttelettes d'iode liquide sur les parois du vase. Dans les premiers moments de l'expérience, la vapeur d'iode était violette ; mais à la fin sa couleur était si intense qu'on ne pouvait apercevoir ni le jour, ni la flamme d'une lampe au travers du ballon, qui n'avait pourtant que 4 ou 5 pouces de diamètre. Sur les bords, sa teinte était bleue ; par réflexion, elle était d'un noir parfait. La pointe du ballon a été fermée à 185° C. On a pesé le vase après le refroidissement, puis on l'a ouvert sous l'eau et on a recueilli l'air restant. On a lavé le ballon avec de la potasse pour emporter l'iode, on l'a rempli d'eau distillée et pesé de nouveau : enfin on l'a vidé, puis desséché dans le vide après l'avoir échauffé pour hâter la dessiccation, on l'a rempli d'air sec et on a pris son poids pour la troisième fois. Voici les données d'une expérience conduite avec le plus grand soin [1] :

107gr,532 ballon plein d'air sec à 24° C et 0m,757. p
110gr,025 ballon plein de vapeur et d'air à 185° C et 0m,757 . . . . p'
0l,066 air mêlé à la vapeur, mesuré sur l'eau à 22° C et 0m,757.
664,550 ballon plein d'eau à 22° C . . . . P

1. Par la formule $P - p + (P - p)\,\delta$, δ étant le rapport des densités de l'eau et de l'air dans les circonstances de l'expérience, on arrive à connaître d'une manière suffisamment approchée la capacité du ballon. On calcule alors le poids p'' du volume d'air qu'il contient, et on a $p' + p'' - p$ pour le poids du mélange de vapeur et d'air. D'un autre côté, on corrige le volume de ce mélange pour la température, la pression et la

d'où l'on tire $11^{gr},323$ pour le poids du litre d'iode et 8,716 pour la densité de sa vapeur.

En partant de la densité de l'acide hydriodique observée par M. Gay-Lussac, c'est-à-dire 4,4288, on trouverait 8,7879 ; tandis que si on la calcule sur le poids de l'atome d'iode, tel que les expériences du même savant l'établissent, on trouve seulement 8,6118, l'atome étant égal à 781,05. Si on calculait le poids de l'atome d'après la densité que j'ai obtenue directement, on trouverait 790,4. Je ne donne ces valeurs qu'afin de fixer les idées et de montrer les limites dans lesquelles l'erreur se trouverait comprise si l'on accordait une égale confiance à ces diverses méthodes. Mais il me semble pourtant bien probable que les moyens chimiques ordinaires sont susceptibles d'une précision plus grande que les expériences du genre de celle que je rapporte ici. Je n'étendrai donc pas plus loin qu'elles ne doivent l'être les conséquences de mon résultat, et je le regarderai comme une simple vérification des idées de M. Gay-Lussac sur les combinaisons de l'iode.

Le genre d'appareil dont je viens de parler et la méthode en elle-même sont évidemment applicables à tous les corps susceptibles de bouillir au-dessous de la température à laquelle le verre commence à se ramollir. Il faut seulement, pour obtenir un degré uniforme et supérieur au point d'ébullition de l'acide sulfurique ou de l'huile, faire usage d'un bain métallique capable d'y arriver. Cet avantage se trouve dans l'alliage fusible de d'Arcet. Je m'en suis servi dans plusieurs circonstances avec un avantage et une facilité que j'étais loin d'espérer.

L'appareil que j'ai employé (fig. 3) se compose d'une bassine en fonte, destinée à recevoir l'alliage et le ballon. Une barre de fer (*aa*) recourbée en forme d'U, et portant un petit cercle au milieu de la branche inférieure, sert à soutenir le ballot et les thermomètres ; elle est solidement attachée aux anses de la bassine au moyen d'un lacis de fils de fer. Le

dilatation du verre, et on le ramène à 0° et 0,76. Il ne reste plus qu'à déduire de ces deux résultats ce qui concerne l'air restant. Pour cela, on ramène son volume à 0° et 0,76, en le corrigeant pour la vapeur aqueuse ; on le soustrait du volume du mélange ; on en fait autant de son poids, et il reste alors pour dernières valeurs le poids et le volume de la vapeur pure.

Ce genre de calcul est un peu long, mais il est facile. Il est douteux qu'on pût l'abréger, à cause des corrections variées que chacune des données exige.

ballon *b* est attaché à la branche inférieure de la barre de fer par quelques fils de fer. Les thermomètres à air *tt* sont liés de la même manière aux branches montantes. La bassine est fixée sur le fourneau, soit par une plaque de fer percée, soit au moyen de deux barres de fer qui passent dans les anses.

Voici la manière de conduire les expériences. L'appareil étant disposé, on place des fragments d'alliage fusible dans la bassine, et on chauffe jusqu'à son point de fusion. Alors on peut remplir le vase d'alliage fondu sans craindre de déterminer la rupture des appareils de verre, surtout si l'on a soin d'ajouter l'alliage peu à peu. Lorsque la bassine est suffisamment remplie, on enlève la température. Bientôt la matière entre en ébullition, un jet de vapeur plus ou moins rapide se dégage. On reconnaît que l'excès de matière a été expulsé lorsque la vapeur qui se projette d'abord à 3 ou 4 pieds hors de l'appareil avec un sifflement vif se trouve réduite à un jet d'une ou deux lignes, et se dégage sans bruit, malgré l'élévation continuelle de la température. Je laisse ordinairement la température s'élever ainsi pendant quinze ou vingt minutes; je ferme au chalumeau les thermomètres et le ballon, et je retire le feu. On peut porter la température jusqu'au rouge naissant; les appareils n'éprouvent aucune déformation.

Lorsque, par le refroidissement, le bain est parvenu à 100 ou 120° C, je verse l'alliage dans une autre bassine. Il en reste une couche mince sur les appareils de verre qui rend leur refroidissement plus uniforme et les préserve de rupture. Lorsqu'ils sont devenus maniables, on détache cette couche aisément en râclant leur surface, et on termine le nettoyage au moyen du mercure qui dissout les petites parcelles d'alliage qui auraient pu échapper à l'opération mécanique.

Les pesées et le calcul sont d'ailleurs les mêmes que dans les expériences précédentes, à cela près qu'il faut déterminer d'abord la température indiquée par les thermomètres à air [1].

1. On y parvient au moyen de la formule suivante :

$$t = \frac{\overline{Vt} - t}{0{,}00375}$$

qui donne une première approximation pour la température *t*, V étant le volume total

Je vais citer encore un exemple pour montrer le degré de confiance que mérite cette méthode, et je choisirai la vapeur de mercure.

Mercure. — Parmi le petit nombre de corps simples qui sont susceptibles de prendre l'état gazeux, le mercure est un de ceux auxquels j'ai attaché le plus d'importance. Son usage fréquent dans les expériences de physique et de chimie rendra sans doute plus d'une fois utile la connaissance précise de sa densité à l'état de vapeur. Pour la déterminer, j'ai préparé moi-même du mercure parfaitement pur, et j'en ai introduit 40 grammes, qu'on avait portés à l'ébullition quelques instants avant dans un ballon effilé que j'ai placé dans mon appareil avec l'alliage de d'Arcet. La température a été élevée doucement, et malgré cette précaution, lorsqu'elle est arrivée au point d'ébullition du mercure, la vapeur qui se dégageait par le bec du ballon produisait un jet si prolongé et un sifflement si fort que j'ai craint qu'une explosion ne mît fin à l'expérience. Cependant le dégagement, après avoir duré une demi-heure environ, a cessé presque tout à coup, et on a augmenté le feu. Au bout de quelque temps, voyant que la vapeur expulsée n'était plus sensible, quoique l'appareil fût bien au-dessus du point d'ébullition du mercure, j'ai fermé le ballon et le thermomètre.

Le 1er thermomètre a indiqué une température de 448° C
Le 2e — — — de 444° C

Voici d'ailleurs les éléments de l'expérience :

J'ai calculé les résultats d'après la moyenne de 446° C
0l,235186 capacité du ballon à 0° C.
0gr,812 poids du mercure en vapeur qui le remplissait à 446° C et 0m,765.

du thermomètre, V' le volume à 0° de l'air restant dans le thermomètre au moment où on l'a fermé. Pour avoir la température plus exactement, il faut employer la valeur trouvée t à corriger le volume V pour la dilatation du verre, introduire cette nouvelle valeur V'' dans la formule, ce qui donne :

$$t' = \frac{\frac{V''}{V'} - 1}{0,00375},$$

La température t' est alors une approximation suffisante.

A la fin de l'expérience, on a remarqué quelques parcelles d'oxyde rouge de mercure dans l'intérieur du ballon. Pour savoir jusqu'à quel point cette circonstance, qui semblait d'ailleurs tout à fait négligeable, pouvait influer sur les résultats, on a pris le poids du ballon contenant le mercure, le poids du même vase plein d'eau, son poids plein d'air sec, et enfin séparément le poids du mercure qui s'était rassemblé en une seule gouttelette facile à isoler sans aucune perte. En calculant le poids du mercure d'après les trois premières pesées, on trouva 0gr,820 ; mais cette valeur devait comprendre le poids de l'oxyde formé. Le mercure pesé directement donna 0gr,812, valeur à laquelle on s'est arrêté.

Lorsqu'on ouvrit le ballon sur l'eau, il se remplit directement, et il ne resta qu'une bulle d'air trop petite pour être mesurée, et provenant sans aucun doute de l'eau elle-même.

Il résulte de ces données que le poids du litre de vapeur de mercure est égal à 9gr,0625, et que sa densité comparée à l'air est de 6.9760.

En prenant le nombre donné par M. Berzélius pour le poids de l'atome de ce corps, c'est-à-dire 2 531,6, on trouverait 27,9134, nombre très différent. Mais en divisant ce nombre par quatre, on arrive à 6,9783 qui coïncide d'une manière tout à fait satisfaisante avec le résultat de l'expérience.

Je ne veux point discuter sur le moment les conséquences de ce fait, relativement à la théorie atomistique ; j'y reviendrai dans un examen détaillé des combinaisons du mercure.

Je passe immédiatement à l'examen des combinaisons volatiles ou gazeuses de quelques corps entre lesquels on a signalé des analogies fondées. Examinons d'abord le phosphore et l'arsenic.

Phosphore. — On peut arriver de plusieurs manières à la densité de la vapeur du phosphore. Je vais d'abord la déduire de mes expériences sur les hydrogènes phosphorés. En considérant l'hydrogène proto-phosphoré comme un composé de 3 volumes d'hydrogène et 1 volume de vapeur de phosphore condensé en deux, on trouve :

$1,213 \times 2 =$	2,426	2 vol. hydrog. proto-phosphoré.
$0,0687 \times 3 =$	0,2061	3 vol. hydrogène.
	2,2199	densité de la vapeur de phosphore.

Fig. 2.
Appareil à bain d'eau.
C C
I I
P P
B B
E E
L L
L L
O O
M M M M M
Fig. 3.
Appareil à bain d'alliage fusible.
a t t a
b
Fig. 1.
Appareil à bain d'acide sulfurique.
C C
I I
R R
L L
S S
P

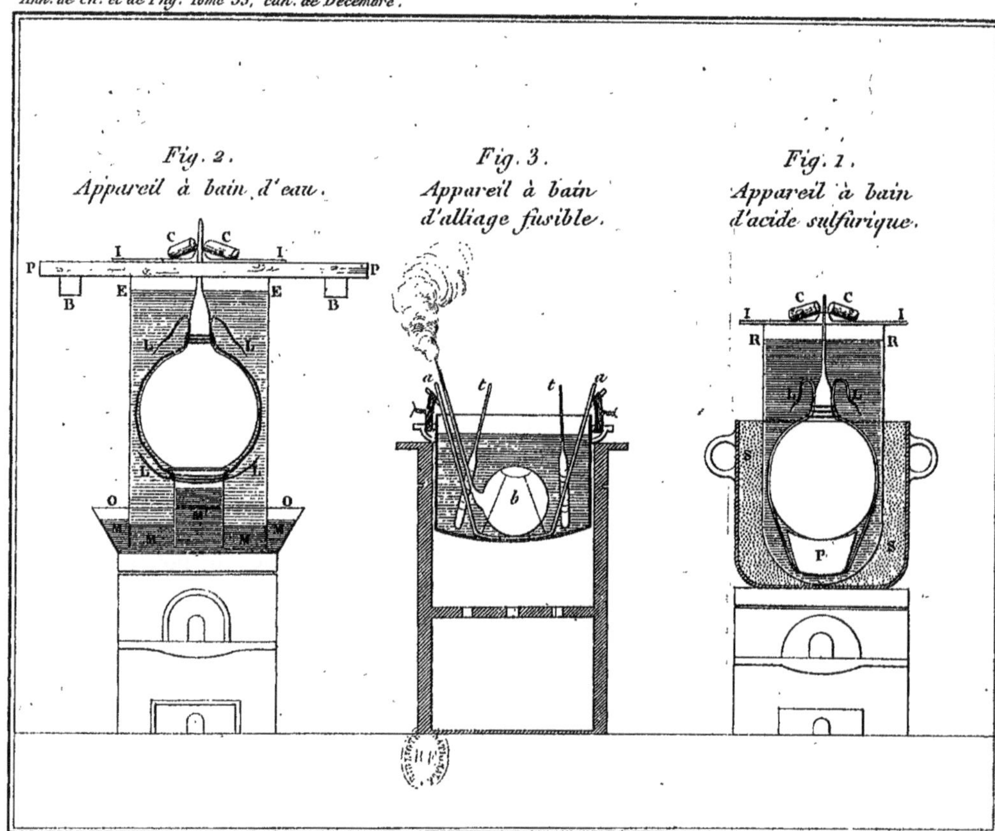

Adam sc.

En prenant 200 pour le poids de l'atome du phosphore et 1,1026 pour la densité de l'oxygène, on aurait 2,2052 pour celle de la vapeur de phosphore. L'expérience est donc ici bien d'accord avec le calcul.

Pour vérifier ce résultat, je me suis servi du proto-chlorure de phosphore. Celui que j'ai employé bouillait à 78° C, sous la pression de 0m,763. J'ai pris la densité de sa vapeur dans l'appareil de M. Gay-Lussac, et je joins ici les données de l'expérience, ainsi que les densités qui en sont déduites.

1gr,347 proto-chlorure de phosphore.
322 cm³ de vapeur. . . . . 0m,767 barom.
100° C température de la vapeur . .
0m,078 colonne de mercure au-dessus du bain. . . . . 26°,5 température.
6gr,3532 poids du litre de proto-chlorure de phosphore à 0° et 0,76.
4,8750 sa densité.

Or, nous savons à n'en pas douter que le proto-chlorure de phosphore est formé de 3 volumes de chlore et de 1 volume de vapeur de phosphore ; on a donc :

$$2,470 \times 3 = 7,410 \quad \text{3 vol. chlore;}$$
$$2,2052 \quad \text{1 vol. phosphore.}$$
$$\frac{9,6152}{2} = 4,8076$$

c'est-à-dire 3 volumes de chlore et 1 volume de vapeur de phosphore condensés en 2 volumes.

Examinons maintenant les combinaisons de l'arsenic avec l'hydrogène et le chlore. . . . .

RECHERCHES

sur la structure intime des corps inorganiques définis et considérations générales sur le rôle que jouent leurs dernières particules dans les principaux phénomènes de la nature, tels que la conductibilité de l'électricité et de la chaleur, le magnétisme, la réfraction (simple ou double) et la polarisation de la lumière.

Par A.-M. GAUDIN.

(*Annales de Chimie et de Physique*, LII, 113 [1833].)

GAUDIN (Antoine), 1801-1880, né à Saintes (Charente-Inférieure), fut, pendant trente ans, calculateur au Bureau des Longitudes. Il est surtout connu par un ouvrage intitulé l'*Architecture du monde des atomes*, dans lequel il s'efforce de représenter les formes cristallines des corps solides au moyen d'édifices composés par des groupements variés des différents atomes entrant dans leur composition chimique. Mais ses spéculations sur la constitution de la matière, sa définition si nette de l'atome et de la molécule ne retinrent pas sur le moment l'attention du monde savant.

Il réussit le premier à fondre au chalumeau oxhydrique le quartz en un verre transparent et à fabriquer par le même procédé des rubis artificiels, en chauffant de l'alumine additionnée de petites quantités de bichromate de potasse.

H. L. C.

Gaudin est le successeur d'Ampère. Comme lui il se préoccupe de construire les cristaux par des échafaudages de molécules et la considération des corps gazeux n'est aussi pour lui qu'un moyen indirect de se renseigner sur le nombre exact des parties constitutives de la molécule chimique ou de la particule cristalline. Il eut le grand mérite d'insister le premier d'une façon absolument catégorique sur la nécessité de donner deux noms distincts aux molécules dont on admettait l'existence à l'état isolé dans les gaz et aux fractions de molécules entrant en jeu dans les réactions chimiques. Il proposa d'attribuer à ces fractions de molécules le nom d'atomes. Cette définition des molécules et des atomes a été conservée. On a reproduit seulement ici, comme pour Ampère, les quelques pages de ses mémoires qui se rapportent aux corps gazeux.

PREMIÈRE PARTIE

Nouvelle manière d'envisager les corps gazeux, avec son application à la détermination du poids relatif des atomes[1].

Chaque jour la théorie atomique, en se perfectionnant, fait faire de nouvelles conquêtes à la chimie philosophique ; à tel point que nous touchons au moment de voir cette dernière science jeter une vive clarté sur la source des nombreux phénomènes que nous offrent les fluides impondérables ; il est donc du devoir des chimistes et des physiciens d'émettre leurs idées et d'appeler la discussion sur les points de la théorie atomique qui sont encore indécis ; car ce ne sont pas les faits qui manquent, ils fourmillent, au contraire, et n'attendent plus, pour porter tous leurs fruits, qu'une théorie qui puisse les enchaîner les uns aux autres.

L'incertitude dissipée de ce côté, il serait plus facile de fixer le nombre des atomes contenus dans ces groupes, appelés molécules, qui sont l'essence des corps ; et par suite, en étudiant les cristaux, de pressentir la disposition relative des atomes et celle des molécules entre elles. Un solide ainsi formé, il s'agirait de déterminer la direction des files ou des tranches d'atomes qui le traversent, et d'assigner le rôle qu'elles jouent dans la modification ou la déviation des ondulations de l'éther qui se propagent à travers sa masse. Pour peu qu'il y eût d'accord entre la théorie et l'expérience, il faudrait regarder la première, je ne dis pas comme vraie, mais comme vraisemblable, et cela nous suffirait ; car c'est seulement le premier pas qu'il importe de faire sur une route obscure et jusqu'ici impénétrable ; en effet, s'il nous était donné de connaître au juste la forme d'une seule molécule, qui doute que nous ne pussions bientôt découvrir le reste ?

Comprenant toute l'importance de ce sujet, mes pensées ont été pendant longtemps tournées vers lui ; et j'ose espérer que ce n'a pas été en vain. Je n'ai encore donné qu'un léger degré de publicité à mes idées, m'étant borné à les annoncer ; je viens donc aujourd'hui présenter quelques développe-

1. C'est M. Ampère qui le premier a attiré l'attention sur ce sujet, mais il ne l'a pas traité de la même manière, et en a tiré des conclusions différentes.

ments qui se rattachent à divers paragraphes de la note que j'ai fait lithographier en octobre 1831.

En fait de poids atomiques, tant qu'il ne s'agit que de leurs chiffres décimaux, nous pouvons les admettre les yeux fermés, s'ils nous viennent de MM. Berzélius et Dumas[1] : leur habileté consommée, leur savoir, leur exactitude et leur franchise nous sont un sûr garant de la vérité ; mais s'il est question d'un nombre atomique moléculaire, sur lequel ils diffèrent eux-mêmes, c'est là de la théorie, et tous les chimistes, quelque petits qu'ils soient, sont appelés à prendre part à la discussion ; c'est donc avec quelque défiance de ses forces, mais poussé par un ardent désir de connaître la vérité, que l'élève de l'un d'eux se hasarda à combattre ses maîtres.

Pour éviter autant que possible les répétitions et rendre le langage plus précis, il importe de définir les termes dont nous allons nous servir, et d'en admettre de nouveaux.

Nous établirons donc une distinction bien tranchée entre les mots *atome* et *molécule*, et cela avec d'autant plus de raison, que, si jusqu'à ce jour on n'est pas parvenu aux mêmes conclusions que moi, c'est uniquement faute d'avoir établi cette distinction.

Un *atome* sera pour nous un petit corps sphéroïde homogène, ou point matériel essentiellement indivisible, tandis qu'une *molécule* sera un groupe *isolé* d'atomes, en nombre quelconque et de nature quelconque.

Afin d'écarter les périphrases, et au lieu de dire : une molécule composée d'un, de deux, de trois, de quatre, de cinq, de plusieurs atomes, etc., nous ferons suivre le substantif molécule de l'adjectif monatomique, biatomique, triatomique, tétratomique, pentatomique, polyatomique, etc.

Puisque le nombre atomique moléculaire[2] est ce qu'il nous importe le plus de connaître, il est essentiel de donner à nos termes toute la précision dont ils sont susceptibles ; ainsi donc M désignant un atome d'un métal quelconque, $\dot{M}M$ ou mieux encore + $\dot{M}$ (M^2O) de M. Berzélius sera toujours

1. Je ne parle ici que des chimistes qui se sont occupés le plus spécialement de perfectionner les tables atomiques.

2. Nombre d'atomes contenus dans la molécule des corps considérés.

appelé sous-oxyde ou oxydule, $\dot{M}$ (MO) toujours appelé protoxyde, $\dddot{M}$ (M^2O^3) sesqui-oxyde, et $\ddot{M}$ (MO^2) deut-oxyde ; il en sera de même pour les sulfures, les chlorures, etc., et nous dirons oxydule de cuivre, protoxyde de potassium, sesqui-oxyde d'aluminium, deutoxyde de titane, trichlorure d'arsenic, quadri-chlorure de titane, quinti-sulfure de potassium.

Cela entendu, et comme conséquence de la loi de M. Gay-Lussac, nous poserons en principe avec M. Ampère que dans tous les corps gazeux à même pression et même température, les molécules sont sensiblement à la même distance ; remarquons bien que je dis sensiblement, et que j'admets, avec M. Berzélius, une certaine déviation qui ne permet pas d'obtenir immédiatement le vrai poids atomique relatif, pour les corps autres que les gaz permanents et leurs composés, avec quelle précision que la densité de la vapeur ait été prise ; déviation qui néanmoins peut influer tout au plus sur les dernières décimales, sans jamais pouvoir atteindre les chiffres les plus significatifs.

Tout le monde sait qu'un volume de chlore, en se combinant avec un volume d'hydrogène, donne deux volumes de gaz hydrochlorique ; puisque (par hypothèse) les molécules, dans les gaz simples, sont à la même distance, il s'ensuit que si les particules du chlore et de l'hydrogène sont des atomes, elles ne peuvent se combiner que 1 à 1 ; mais alors les particules de gaz hydrochlorique se trouveront deux fois moins nombreuses, sous l'unité de volume, que ne l'étaient celles des gaz composants ; et par suite, à une distance égale à $\sqrt[3]{2}$, celle des particules gazeuses simples entre elles étant $\sqrt[3]{1}$[1] ; c'est-à-dire prise pour unité ; donc, pour que l'hypothèse se vérifie, il faut que les particules primitives puissent se diviser en deux ; donc elles ne sont pas des atomes.

On objectera qu'il pourrait se faire que les molécules de

1. En supposant les particules rangées dans un cube, à angle droit les unes des autres, il est évident que les quantités qu'en contiendrait le cube seraient en raison inverse du cube des distances qu'elles observeraient entre elles ; en sorte que, pour des nombres connus, les distances correspondantes seraient comme les $\sqrt[3]{}$ de ces nombres. Il est vrai que nous devrions, à la rigueur, prendre le système tétraédrique régulier plutôt que le cube ; mais outre que le calcul en serait beaucoup plus compliqué, il nous donnerait un résultat si peu différent du premier que cette autre considération nous devient inutile.

gaz hydrochlorique se tinssent à la distance $\sqrt[3]{2}$, puisque parmi les métaux même on observe ce rapport[1] ; c'est pourquoi nous allons continuer la série des combinaisons.

Un volume de gaz oxygène, en se combinant avec deux volumes de gaz hydrogène, donne deux volumes de vapeur d'eau, si les particules sont des atomes ; et pour que toutes les molécules soient identiques, il faudra que chaque particule d'oxygène s'approprie deux particules de gaz hydrogène ; il y aura donc trois particules en tout dans chaque molécule d'eau, et le nombre de celles-ci sera égal à celui des particules d'oxygène préexistant, c'est-à-dire *un volume* dilaté à deux volumes ; donc leur nombre sera $\frac{1}{2}$ pour l'unité de volume, et leur distance $\sqrt[3]{2}$ comme pour le gaz hydrochlorique.

Un volume de gaz azote, en se combinant avec trois volumes d'hydrogène, donnerait (si cela pouvait se faire immédiatement) deux volumes de gaz ammoniac ; pour qu'il n'y eût pas division des particules, il faudrait que trois particules d'hydrogène vinssent se grouper autour d'une particule d'azote, ce qui en ferait quatre en tout pour une molécule de gaz ammoniac ; de plus celles-ci occuperaient deux volumes après la combinaison : leur quantité relative serait donc $\frac{1}{2}$, et leur distance $\sqrt[3]{2}$, comme pour le gaz hydrochlorique et la vapeur d'eau.

On parvient aux mêmes résultats et aux mêmes conséquences en discutant la manière d'être des gaz oxydes d'azote ; en comparant la densité des vapeurs de brome et d'iode à celle des gaz hydrobromique et hydriodique ; et, pour les gaz acide carbonique et oxyde de carbone, en prenant pour signe représentatif de leur molécule les formules $\ddot{C}$ et $\dot{C}$ que personne ne conteste.

La composition bien connue de l'alcool donne une particule d'oxygène, 2 de carbone et 6 d'hydrogène ; en tout 9 volumes occupant après la combinaison 2 volumes seulement, soit un espace double de l'oxygène contenu ; ce

1. Potassium et sodium ? arsenic et antimoine ?

qui réduit les molécules à $\frac{1}{2}$, et donne pour leur distance $\sqrt[3]{2}$.

Il en serait de même pour l'éther sulfurique ; car sa composition et sa densité montrent qu'un volume d'oxygène, avec 4 volumes de vapeur de carbone, et 10 volumes de gaz hydrogène s'y trouvent condensés au double du gaz oxygène. Bien plus, tous les corps dont la vapeur a été pesée et analysée, sont dans le même cas ; nous voyons donc que dans les composés, en supposant la particule de gaz simples être un atome, nous conservons toujours la loi posée en principe ; seulement la condition que nous nous sommes imposée de ne point diviser les particules nous a obligé d'y déroger dès le premier abord, et nous n'avons cessé depuis de la trouver en défaut ; preuve convaincante qu'il y a quelque vice caché ; mais continuons.

D'après M. Dumas, la densité de la vapeur de mercure, rapportée à l'air, est de 6,976 ; comparée au gaz oxygène, elle devient 6,321. Si les particules de l'oxygène et du mercure étaient indivisibles, la plus petite quantité de mercure qui pût se combiner à l'oxygène serait de 632,1, p. 100 d'oxygène ; or, on trouve par expérience que c'est 1.265,8, sensiblement le double de 632,1 ; il est impossible alors que pareille combinaison ait lieu sans que notre particule d'oxygène se divise en deux : donc elle n'est pas un atome. Le seul moyen d'échapper à cette conséquence est de supposer que les particules de la vapeur de mercure sont en nombre $\frac{1}{2}$ et à la distance $\sqrt[3]{2}$; mais avec cette supposition, nous serions amenés à ce résultat absurde, savoir : si dans les gaz et les vapeurs contenant plusieurs éléments, le nombre de molécules est toujours $\frac{1}{2}$ et leur distance $\sqrt[3]{2}$, ces nombres étant égaux à l'unité dans les gaz simples, il y a néanmoins des corps simples qui suivent la loi des corps composés !...

M. Dumas a trouvé pour densité de la vapeur des perchlorures de titane et d'étain, rapportée à l'air, 6,836 et 8,1997, soit 6,194 et 8,3361 si on les compare au gaz oxygène ; or, dans un volume de ces chlorures, il y a bien sûr 2 volumes de chlore : retranchant donc 4,4265 de :

$$\begin{array}{r} 6{,}194 \\ 4{,}4265 \\ \hline 1{,}7674 \end{array} \quad \text{et} \quad \begin{array}{r} 8{,}3361 \\ 4{,}4265 \\ \hline 3{,}9096 \end{array}$$

on a 176,75 et 390,96 pour poids atomique du titane et de l'étain, ce qui ferait naître la même objection que pour le mercure, à moins qu'on ne suppose avoir pour ces corps le nombre $\frac{1}{2}$, et la distance étant $\sqrt[3]{2}$.

Cette revue minutieuse des principales combinaisons est plus que suffisante, par ses résultats, pour nous décider à supposer la division des particules ; mais j'ajouterai encore une preuve convaincante de la nécessité de cette division ; et ce sera encore M. Dumas qui me fournira des données précieuses pour cela. On sait qu'il a déterminé la pesanteur spécifique de la vapeur de soufre : le nombre auquel il s'est arrêté est 6,617, par rapport à l'air ; d'après cela, si l'on suppose les particules de vapeur de soufre et des gaz oxygène ou hydrogène indivisibles, on a pour formule de l'acide sulfurique concentré $\dddot{S} + 3H$, résultat absurde sans contredit ; donc les particules des gaz simples sont divisibles, donc ce ne sont pas des atomes.

Reprenons les combinaisons des gaz ; et puisque les particules sont toujours censées à la même distance, pour une même pression et une même température, nous dirons 1, 2, 3 particules, au lieu de 1, 2, 3 volumes, et substituerons même le mot molécule à celui de particule puisque celle-ci est réputée maintenant contenir plusieurs atomes.

Une molécule de gaz hydrogène, en se combinant avec une molécule de chlore, donne deux molécules de gaz hydrochlorique ; pour que la combinaison se fasse et que les molécules composées observent la même distance que celles des gaz composants, *il faut* et il suffit que chaque molécule composante se divise en deux ; jusqu'à ce qu'on prouve que ces moitiés de molécules se divisent ultérieurement, nous les tiendrons pour atomes ; donc les gaz hydrogène, chlore et hydrochlorique sont biatomiques au moins[1].

1. Je n'ai pas assez examiné les sels qui contiennent de l'azote, du fluor, du brome et de l'iode, pour pouvoir affirmer que leur molécule ne contient pas plus de 2 atomes.

Une molécule de gaz oxygène, en se combinant à deux molécules de gaz hydrogène, donne deux molécules de vapeur d'eau ; or, pour que les molécules de vapeur d'eau formées conservent entre elles la même distance que celles des gaz composants, *il faut* et il suffit que la molécule d'oxygène se partage en deux, et que chaque moitié vienne s'unir à une molécule biatomique d'hydrogène; donc le gaz oxygène est biatomique, et la vapeur d'eau triatomique.

Trois molécules de gaz hydrogène, en se combinant à une molécule de gaz azote, donneraient deux molécules de gaz ammoniac; pour que cela eût lieu sans déroger à la loi, *il faudrait* et il suffirait que l'une des molécules d'hydrogène et celle de gaz azote se coupassent en deux, et que chaque paire de ces moitiés vînt s'unir à une molécule biatomique d'hydrogène ; donc le gaz azote est biatomique et le gaz ammoniac tétratomique.

En comparant la densité des vapeurs de brome et d'iode à celle des gaz hydrobromique et hydriodique, on reconnaît que ces vapeurs se combinent avec le gaz hydrogène, absolument comme le chlore ; donc enfin, les gaz chlore, hydrogène, oxygène et azote, les vapeurs de brome et d'iode sont biatomiques ; et puisque leur poids atomique relatif ne peut manquer d'être dans le même rapport que leur poids biatomique relatif, il s'ensuit que le poids atomique des corps simples désignés ci-dessus est proportionnel à la densité de leur gaz ou vapeur; donc, en prenant l'oxygène pour 100, ou mieux encore pour unité[1] ; on a :

Hydrogène.	0,062398
Azote	0,88518
Oxygène.	1,0000
Chlore.	2,21326
Brome.	4,89153
Iode.	7,89730

poids admis généralement.

La densité de la vapeur de mercure, rapportée au gaz oxygène, est de 6,321, comme nous l'avons déjà vu : nous

1. C'est la simplicité que cela donne au calcul du poids des vapeurs rapportés au gaz oxygène qui me détermine à prendre le poids de l'atome d'oxygène pour unité plutôt que pour 100.

comparons ici une molécule *biatomique* d'oxygène ; il s'ensuit que le poids de la molécule de mercure, rapportée à *l'atome* d'oxygène, serait le double de ce nombre = 12,642 ; or, c'est sensiblement le poids de son atome, car aucun chimiste n'a jamais admis un nombre moitié moindre ; donc la vapeur de mercure est monatomique, donc ses particules sont des atomes.

Un volume d'acide carbonique renferme un volume d'oxygène ; par suite, une molécule d'acide carbonique renferme deux atomes d'oxygène ; personne n'admettant pour ce corps ni plus ni moins de deux atomes d'oxygène pour un atome de carbone, on est forcé de conclure que le poids atomique du carbone est à celui de l'oxygène comme le poids du carbone contenu est à la moitié de l'oxygène contenu ; soit : $\frac{76,438}{\frac{200.00}{2}} = 0,76438$, l'oxygène étant 1.

BORE

L'acide borique est composé de 45,401 de bore pour 100 d'oxygène ; par conséquent son chlorure contiendra 442,652 de chlore pour la même quantité de bore : d'un autre côté M. Dumas a trouvé 3.942 pour la densité de ce chlorure rapportée à l'air, soit 3,571 si on la compare au gaz oxygène ; ainsi quand deux atomes d'oxygène pèsent 1, une molécule de chlorure de bore pèse 3,571 : elle pèsera donc 7,142 si on la rapporte à l'atome d'oxygène ; retranchant les $\frac{442.652}{488,053} = 6,477$ on a

$$\begin{array}{r} 7,142 \\ -\ 6,477 \\ \hline =\ 0,665 \end{array}$$

pour poids de l'atome de bore : or, M. Berzélius prend 1,36204 qui est sensiblement le double de celui-ci ; donc la particule qu'il regarde comme un atome est divisible en deux, donc elle n'est pas un atome, et 0,68102 est le vrai nombre ; car si cela n'était pas, 1,362044 particule *indivisible* du bore prendrait 3 d'oxygène pour passer à l'état d'acide borique, et 13,27956 de chlore pour devenir chlorure de bore ; ainsi 13,27956 + 1,36204 = 14,6416 serait la molécule comparée à l'atome d'oxygène, et *de toute nécessité* 7,32080 deviendrait la pesanteur spécifique de sa vapeur comparée au gaz oxygène ; or, cela ne pourrait être sans retomber dans notre premier système ; donc enfin 0,68102 est le vrai poids relatif de l'atome de bore. Le même calcul, appliqué au gaz acide fluo-borique, conduirait à la même conséquence ; il suit de là que le bore se combine à l'oxygène dans le rapport de 2 à 3, comme M. Dumas le soutient depuis longtemps contre M. Berzélius.

. . . .

LEÇON

sur les notations chimiques.

Par J.-B. DUMAS.

(*Leçons de philosophie chimique de J.-B. Dumas*, recueillies par M. Bineau, 9e leçon [Ébrard, libraire-éditeur, 1836])

Cette leçon concerne la notation chimique. Dans un style élégant, Dumas expose quelques idées générales pleines de bon sens et de clarté. Il recommande pour la dénomination des corps simples l'emploi de mots courts se prêtant à la formation de mots composés. Il demande en fait de notations la conservation pour les composés binaires des formules brutes ; pour les composés ternaires au contraire, les sels par exemple, il préfère les formules dualistiques de Berzélius, qui ont le grand avantage de parler aux yeux, de rappeler les bases et acides générateurs à la présence desquels se rattachent le plus grand nombre des propriétés des sels. Il justifie cette recommandation par l'exemple des composés organiques où l'emploi des formules unitaires donnerait lieu aux confusions les plus regrettables, surtout dans le cas de corps présentant plusieurs isomères. Dumas ne propose aucune innovation et il conclut par ces quelques lignes d'une douce philosophie :

« Ceci fait, vous aurez exprimé les vérités de votre temps,

les vérités de votre époque. Vous laisserez pourtant à votre esprit toute sa liberté, en vous rappelant que si vous n'enregistrez ainsi que des vérités, vous n'enregistrez du moins pas toute la vérité et que vos neveux auront à poursuivre l'œuvre que vous avez commencée. »

H. L. C.

Messieurs,

Dans tous les ouvrages de chimie qui sont entre vos mains, vous lisez qu'un corps en se combinant avec un autre en plusieurs proportions donne une série de composés que l'on considère comme formés par l'union directe des deux composants. C'est ainsi que l'azote et l'oxygène produisent une suite qui renferme :

Az^2O, protoxyde d'azote ;
Az^2O^2, bioxyde d'azote ;
Az^2O^3, acide azoteux ;
Az^2O^4, acide hypo-azotique ;
Az^2O^5, acide azotique.

Et ces formules par lesquelles on les représente, ainsi que les noms qui servent à les désigner, ne nous y indiquent rien autre chose que l'oxygène et l'azote en combinaison immédiate, dans des rapports différents.

Cependant, quand on y réfléchit, l'esprit n'est pas satisfait : on se demande si réellement l'expérience a confirmé cette manière d'envisager la nature de la constitution intime des corps composés ; et dans les données de l'expérience, l'on n'en trouve point la confirmation. Quelquefois, au contraire, elles semblent porter un démenti à cette théorie, et les termes mêmes dont on a fait naturellement usage dans quelques circonstances nous laissent voir l'impression qui en est résultée.

En effet, en ajoutant à l'oxygène et à l'hydrogène nécessaires à la constitution de l'eau une nouvelle quantité d'oxygène, on obtient un composé particulier, appelé par les uns *eau oxygénée*, par les autres *bi-oxyde d'hydrogène*. De là, sans qu'au premier abord on s'en doute, en choisissant l'une ou l'autre de ces deux dénominations, de là deux systèmes bien distincts qui se trouvent en présence. Ils ne sont pas réellement en conflit à l'époque actuelle; mais ils pourront se développer, et l'un pourra chercher à renverser l'autre.

Voilà donc quelle est la question : les éléments des corps ne font-ils que se combiner en proportions diverses pour former toute la série des composés auxquels ils donnent naissance, ou ne font ils que s'ajouter à un ou à quelques-uns des composés de la série pour constituer tous les autres? Ou bien encore, en d'autres termes : l'eau oxygénée est-elle une simple combinaison d'oxygène et d'hydrogène, ou résulte-t-elle plutôt de l'union de l'oxygène avec l'eau préalablement formée?

Si vous consultez vos souvenirs, vous observerez que cet exemple n'est pas le seul. Vous vous rappellerez les noms de *sulfures sulfurés*, d'*iodures iodurés*, et d'autres encore comparables à la dénomination d'*eau oxygénée*.

Or, pourquoi a-t-on dit *eau oxygénée*, si ce n'est parce que cette substance se transforme en eau et en oxygène sous les influences qui paraissent les plus insignifiantes en chimie, parce que la facilité avec laquelle cette décomposition s'opère dans une multitude de réactions a donné lieu de croire à la préexistence des deux produits qui se séparent?

C'est par le même système d'idées que les chimistes adoptaient la dénomination d'hydrosulfate sulfuré de potasse ou de sulfure de potassium sulfuré, que vous trouverez dans la plupart des ouvrages de chimie qui datent d'un certain nombre d'années.

Plus récemment encore, c'est-à-dire il y a environ vingt ans, l'on a proposé de même les noms d'*iodures iodurés*. Comme l'union du protoiodure avec l'excès d'iode était faible, que des forces légères pouvaient l'en séparer, on a préféré voir, dans le composé, de l'iode en combinaison avec le protoiodure, plutôt que de le regarder comme une combinaison immédiate de l'iode et du métal.

Le nom primitif des sulfites sulfurés, aujourd'hui les hyposulfites, rappelle une impression qui conduirait à la même manière de voir.

Ces opinions et la nomenclature qui en dérive n'ont certes pas prévalu; elles n'ont été appliquées qu'à un très petit nombre de corps, et les noms qui ont été donnés dans ce système ont même disparu généralement par l'application rigoureuse des principes de la nomenclature ordinaire. Mais elles ont soulevé des questions de la plus haute importance que nous allons examiner.

Quand je dis, par exemple, chromate neutre de potasse, chromate acide de potasse, doit-on admettre que ces deux sels résultent simplement de la combinaison immédiate de l'acide et de la base? ou bien n'adoptera-t-on cette manière de voir que pour le chromate neutre, en regardant le chromate acide comme composé de sel neutre et d'acide chromique ; ou bien encore sera-t-il permis de supposer dans le chromate acide une combinaison pure et simple de potasse et d'acide chromique et dans le chromate neutre une combinaison de la potasse avec le sel précédent? Voilà trois systèmes d'idées bien distinctes entre lesquels le choix peut être balancé.

Si l'on veut chercher à se rendre compte des opinions que les chimistes ont eues sur ces matières, il faut se transporter d'abord à l'époque de l'établissement des règles de la nomenclature : car la nomenclature a pour objet d'exprimer la manière dont on conçoit la composition des corps et la réunion de leurs principes constituants. C'est alors que les idées sur la nature des combinaisons se sont fixées, et il serait inutile de remonter plus haut.

Ce fut en 1782 que Guyton de Morveau éveilla pour la première fois l'attention des chimistes sur la nécessité de donner aux composés des dénominations moins arbitraires et propres à en indiquer la nature. À cette époque, la théorie de Lavoisier avait déjà détrôné celle de Stahl ; la nouvelle chimie répandait déjà sa brillante lumière sur les phénomènes les plus délicats de la nature ; elle jetait un si vif éclat qu'elle commençait à entraîner en sa faveur les esprits les plus mal disposés contre elle, mais elle n'avait pas encore passé dans la langue. Il restait donc à faire encore en chimie une importante réforme et c'est Guyton de Morveau qui la commença, en publiant un petit ouvrage sur la nomenclature et en présentant à l'Académie des Sciences un mémoire à ce sujet. La confusion dans les termes était alors extrême. Le même corps avait souvent un grand nombre de noms, et la plupart des noms en usage reposaient sur les analogies les plus éloignées. Ainsi, l'on disait : *huile* de vitriol, *beurre* d'antimoine, *foie* de soufre, *crème* de tartre, *sucre* de saturne ; les chimistes semblaient avoir emprunté le langage des cuisinières.

Toutefois, à côté de ces noms si discordants, vous serez étonnés d'en rencontrer d'autres dans lesquels se manifeste cette tendance générale de l'esprit humain à réunir les choses qui se ressemblent à mesure que la notion de ressemblance apparaît évidente. Le nom de *vitriol* appliqué d'abord uniquement au sulfate de fer avait été étendu à divers autres sulfates, et l'on distinguait : le *vitriol de fer* ou vitriol vert, le *vitriol de zinc* ou vitriol blanc, le *vitriol de cuivre* ou vitriol bleu, la *potasse vitriolée* que l'on appelait encore tartre vitriolé. Le mot de *beurre* avait été donné de même aux chlorures qui se rapprochaient par leurs caractères extérieurs du chlorure d'antimoine : l'on avait des beurres de zinc, d'étain, d'arsenic, de bismuth. L'*argent corné* ou lune cornée, désignation sous laquelle on connaissait le chlorure d'argent, avait pareillement servi de point de départ, et des expressions semblables avaient été mises en usage pour les chlorures analogues à celui-là, comme par exemple, le plomb corné ou chlorure de plomb.

En partant de là, et voyant que l'on avait déjà fait naturellement diverses tentatives pour rassembler dans les mêmes groupes et sous des noms génériques communs les corps qui se ressemblaient par leurs propriétés et leur mode de formation, vous ne serez pas surpris que la proposition de Guyton de Morveau n'ait excité qu'un faible intérêt. Vous le concevez d'autant mieux que son système de nomenclature n'était qu'un essai fort imparfait qui demandait de nombreuses modifications. Les personnes qui attribuent à Guyton de Morveau le principal rôle dans la fondation de la nomenclature sont donc peut-être dans l'erreur ; et, si c'est à lui qu'est due la première tentative pour cette œuvre importante, il est certain du moins que les commissaires de l'Académie qui l'ont achevée avec lui ont droit à une grande part de la reconnaissance des chimistes.

Guyton de Morveau fut le premier qui insista sur la nécessité de réformer un langage qui permettait de dire, par exemple : huile de vitriol et huile de tartre pour désigner un acide des plus énergiques et un sel d'une réaction très alcaline, ou bien encore : crème de tartre et crème de chaux, comme pour indiquer une ressemblance de nature entre le bitartrate de potasse et le carbonate de chaux, tandis qu'évidemment aucune espèce d'analogie ne rapproche ces deux composés. Il signala les inconvénients de la confusion causée par un luxe de dénominations, qui faisait donner quelquefois à la même substance cinq ou six noms différents. C'est ainsi que le sulfate de potasse était appelé *sel polychreste de Glazer*, *arcanum duplicatum*, *sel de duobus*, *tartre vitriolé*, *vitriol de potasse*.

C'était assurément avec raison que Guyton de Morveau s'élevait contre les vices du langage des chimistes de son temps, et l'utilité de le modifier dut être généralement sentie ; mais son système de nomenclature n'était pas de nature à se concilier tous les suffrages. Qu'il y a loin en effet du plan qu'il proposa aux principes que l'on suit aujourd'hui, et qui, arrêtés avec Guyton par les commissaires de l'Académie, se trouvent discutés et établis dans le célèbre rapport de Lavoisier ! Vous jugerez de ce plan par l'échantillon que j'en ai fait mettre sur le tableau.

Extrait du système de nomenclature proposé par Guyton de Morveau.

Acides.	Sels.	Bases.
Vitriolique.	Vitriols.	Phlogistique.
Nitreux.	Nitres.	Calce.
Arsenical.	Arséniates.	Barote.
Boracin.	Boraxs.	Or.
Fluorique.	Fluors.	Argent.
Citronien.	Citrates.	Platine.
Oxalique.	Oxaltes.	Mercure.
Sébacé.	Sébates.	Cuivre.
		Esprit de vin.

Vous voyez qu'il distingue les corps en trois classes : les acides, les sels et les bases. Dans les noms des acides, vous trouvez toutes sortes de terminaisons : vitriolique, nitreux, sébacé, arsenical, boracin. Toute espèce de désinence se trouve mise à contribution, sans règle et sans loi.

Dans les sels, nous trouvons encore à faire la même remarque. L'acide vitriolique fait les vitriols, dénomination déjà consacrée par l'usage avant Guyton de Morveau. De même, l'acide nitreux fait les nitres : déjà aussi on distinguait différentes espèces de nitres. Quant aux sels formés par l'acide arsenical, il les nomme arséniates. Voilà donc la terminaison *ate* qui se montre pour la première fois, mais sans que la terminaison *ique* se trouve dans l'acide du sel : ce n'est point d'ailleurs l'application d'un principe général ; car vous trouvez à côté beaucoup d'autres finales toutes différentes, telles que celles des mots nitres, vitriols, fluors, boraxs, oxaltes. Autant que possible, Guyton généralise des noms déjà reçus. Voilà comment il est amené à nommer *fluors* tous les fluorures, en partant du fluorure de calcium qu'on appelait *spath fluor*, et qui dans sa nomenclature prenait le nom de *fluor de glace* ou *de chaux*. C'est par suite de la même direction d'esprit que du mot borax, consacré uniquement au borate de soude, il fait un terme générique, susceptible d'admettre un pluriel, auquel cas il y ajoutait un *s*, et l'écrivait *boraxs ;* ce qui formait un mot assez barbare.

Venait ensuite le groupe des bases. Au premier rang, il plaçait le phlogistique, car il en admettait encore l'existence ; puis la chaux, la baryte, la potasse, et autres composés dignes effectivement de figurer parmi les bases. Il y ajoutait les métaux ; cependant les expériences de Lavoisier avaient déjà prouvé d'une manière incontestable que cette classe de corps ne pouvait jamais faire fonction de bases, et que leurs oxydes seulement étaient capables de remplir ce rôle. Ainsi le groupe des bases à lui seul suffisait déjà pour faire repousser ce système de classification et de nomenclature par toutes les personnes capables de voir la science d'un peu haut. Quoi qu'il en soit, c'est un fait curieux que Guyton de Morveau ait été assez bien inspiré pour faire figurer l'alcool parmi les bases, comme s'il eût été bien établi à cette époque que l'alcool n'était autre chose que la base des éthers. Il avait donc placé l'alcool au même rang que le platine, la potasse et le phlogistique.

Enfin vous voyez, d'après ce que je viens de dire, que Guyton de Morveau ignorait complètement le parti qu'on peut tirer des désinences, véritable base de la nomenclature actuelle, et que d'ailleurs il était si peu au courant de l'état de la science dont il voulait réformer la langue qu'il ne savait pas sous quelle forme les métaux entraient en combinaison avec les acides, et qu'il croyait encore au phlogistique. Par conséquent, il n'avait pas cherché à bien connaître les travaux de Lavoisier, ou n'avait pas su les apprécier.

Toutefois une idée heureuse caractérisait le mémoire de Guyton ; c'était lui qui le premier disait : Groupez sous le nom de l'acide tous les sels qui renferment le même acide, et à ce nom générique ajoutez celui de la base pour distinguer l'espèce. Il ne faisait là que généraliser l'usage déjà consacré pour les vitriols et les nitres : mais c'était rendre un grand service ; car, en partant de ce principe, on pouvait former au moins cinq cents noms appliqués à des corps connus, et remplacer ainsi, par des noms très clairs par eux-mêmes, ceux qui existaient et qui étaient souvent inintelligibles.

Le plan de nomenclature de Guyton de Morveau ne pouvait triompher en face des nombreuses objections qu'il suscita, et auxquelles il était impossible de répondre victorieusement. La question demeura pendante et irrésolue jusqu'en 1787. Dans l'intervalle Guyton vint à Paris et se mit en rapport avec Lavoisier, Fourcroy et Berthollet, auxquels avait été renvoyé l'examen de son mémoire.

C'est par la discussion en commun de ces quatre personnages, et à la suite de nombreuses conférences, que furent établies les bases de cette langue si utile, qui permet aux chimistes de s'entendre sans efforts, langue que nous parlons encore aujourd'hui, telle, à quelques légères modifications près, qu'elle fut alors établie.

En apparence, Lavoisier ne joue là qu'un rôle secondaire ; mais on ne saurait s'y méprendre, et il est impossible de ne pas reconnaître que c'est lui qui a le plus contribué à fixer les règles de la nomenclature. Dans un discours fort bien écrit, il expose les principes qu'ils ont adopté en commun d'après les idées de M. Guyton de Morveau, et l'on voit qu'il s'efface devant celui-ci en l'exhaussant de son mieux. Mais il y a dans cette nomenclature des choses qui lui appartiennent incontestablement. Ainsi, de qui vint l'idée de la première classe à créer, la classe des corps simples ou réputés tels, cette classe fondamentale qui fut si nettement définie ? Auquel des deux l'attribuera-t on ? A Guyton qui, n'ayant su distinguer ces corps d'avec les bases, les confondit avec elles dans la même catégorie ? ou bien à celui-là même dont les travaux avaient établi quelles étaient les substances que l'on pouvait considérer comme étant des substances composées, et celles qui devaient être regardées comme simples ? On ne peut mettre sur le compte d'un autre que Lavoisier le classement et la nomenclature des acides et des oxydes déterminés par ses expériences, et ajoutés à ceux dont il était question dans le mémoire de Guyton. C'est assurément encore Lavoisier qui rectifia les idées de Guyton sur les sels, et qui établit leur véritable nature.

Si la première pensée d'une nomenclature méthodique partit de Guyton de Morveau, Lavoisier eut donc tellement à modifier son système qu'il semble devoir être regardé comme le véritable fondateur de la nomenclature qui sut mériter l'assentiment universel des chimistes. Il en développe les bases avec le talent supérieur d'un grand maître ; et certes il n'avait pas besoin d'aide pour la créer. Mais dans la marche qu'il suit en l'exposant, se fait voir le désir qu'il avait de ne blesser personne, de se concilier les suffrages, et d'acquérir des appuis à sa nouvelle doctrine dont le fond allait passer d'une manière définitive, grâce à la forme. La nouvelle langue, adoptée par les quatre chimistes déjà cités, fut introduite dans la science en 1787, époque à laquelle parut l'ouvrage où Lavoisier exposa le résultat de leurs méditations et de leurs conférences.

Quelles sont les bases de ce langage ? Le voici. Nous avons regardé comme simples, nous dit Lavoisier, les corps dont on n'a pu extraire plusieurs autres. Ainsi, pour éviter l'inconvénient où avait fait tomber le phlogistique, on rejetait toute hypothèse, et ne prenant conseil que de l'expérience, on disait : Nous appellerons *simple* tout ce qui est *indécomposable*, tout corps qui a résisté aux épreuves de la chimie sans se résoudre en des matières différentes. Ces corps, bien entendu, pourront n'être pas tels que le suppose le nom que nous leur assignons : peut-être un jour parviendra-t-on à les décomposer ; mais jusque là nous les considérons comme élémentaires, n'ayant pas de raison pour rejeter cette opinion, et nous les appellerons corps simples.

Pour eux, la nomenclature ne commande aucune règle précise. On leur donnera, si l'on veut, des noms insignifiants ; on pourra rappeler, en les nommant, une de leurs propriétés les plus saillantes, ou mieux, quelque autre trait de leur histoire ; mais ce qu'il importe surtout, c'est que leur nom se prête facilement à la formation des noms composés.

Quant aux produits résultant de la combinaison des corps simples, ils sont de nature diverse, et, dans tous les cas, ils doivent recevoir des dénominations propres à faire connaître ce qu'ils sont. Ainsi, ils s'unissent à l'oxygène, et forment des acides : eh bien ! il faut que le nom de chaque acide rappelle sa composition, et le caractérise immédiatement à l'esprit de qui l'entend nommer. D'autres donnent naissance à des oxydes : il faut de même que les noms de ces oxydes rappellent leur composition et ne permettent pas de confusion. Puis, par leur réunion, les oxydes et les acides produisent des sels : pour nommer ces sels, il faut encore des termes qui indiquent la nature des composants.

Viendra-t-on maintenant demander pourquoi la composition des corps a été envisagée sous cette forme ? La réponse serait très facile, ce me semble. C'est qu'entre plusieurs suppositions trop significatives on a pris en somme celle qui l'est le moins, on a choisi la plus simple de toutes, celle qui se prête le mieux à la formation des noms composés.

Voilà, n'en doutons pas, ce qui a déterminé Lavoisier et ses collègues à adopter la manière de voir qu'indique leur nomenclature ; ce ne fut point le résultat d'une véritable conviction.

A l'occasion des oxydes de plomb, par exemple, on peut faire les diverses suppositions suivantes.

On peut admettre d'abord que ces oxydes résultent chacun de la combinaison immédiate du plomb et de l'oxygène en différentes proportions. Mais de plus, et sans parler de la manière de voir d'après laquelle on fait du deutoxyde un composé de protoxyde et de peroxyde, ne peut-on pas dire : L'union de l'oxygène avec le plomb produit la litharge ; celle-ci fait le minium en se combinant avec une certaine quantité d'oxygène, puis l'oxyde *puce* en absorbant une quantité plus grande ? On pourra vous dire encore : Pourquoi ne pas faire l'inverse, et admettre que c'est l'oxyde puce qui résulte de l'union directe du métal et de l'oxygène, puisque les deux autres oxydes sont des combinaisons de plomb et d'oxyde puce ? Après quoi, un troisième viendra à son tour émettre ainsi son avis : Mais non, le plomb en se combinant avec l'oxygène ne forme ni de l'oxyde puce, ni de la litharge ; il donne naissance à du minium ; et ce minium produit de l'oxyde puce en s'unissant à l'oxygène, et de la litharge en s'unissant à du plomb.

Eh bien ! on n'a pas voulu trancher la question. Il y avait un fait incontestable ; c'est que la litharge, le minium et l'oxyde puce renfermaient de l'oxygène et du plomb, sans nul autre corps simple ; en conséquence, on est convenu de les appeler tous oxydes, en distinguant d'ailleurs chacun d'eux par les moyens que vous connaissez. On n'a pas cherché à approfondir davantage leur nature, on n'a pas voulu recourir à un examen plus minutieux, dont le résultat eût toujours été douteux, on a mieux aimé définir simplement ce que l'on voyait en masse, sans prétendre du reste juger des détails. En cela je trouve qu'on a eu parfaitement raison.

Voudriez vous d'autres exemples? L'acide sulfurique, l'acide sulfureux et l'acide hyposulfureux sont formés de soufre et d'oxygène. Mais si l'on veut s'abandonner à la recherche d'hypothèses sur la manière dont ces deux éléments s'y trouvent associés, on pourra se demander si l'acide sulfurique n'est pas parmi eux un composé fondamental, qui donne lieu aux deux autres en entrant en combinaison avec du soufre ; ou si ce n'est pas l'acide hyposulfureux qui prendrait une certaine dose d'oxygène pour faire l'acide sulfureux et une autre pour faire l'acide sulfurique ; ou bien encore, si l'on ne devrait pas voir plutôt dans l'acide sulfureux un radical qui, joint au soufre et à l'oxygène, produirait l'acide hyposulfureux et l'acide sufurique ? Entre ces trois systèmes, l'embarras du choix me décide, et je n'en adopte aucun : je me borne à énoncer que le soufre et l'oxygène sont les éléments qui constituent les trois acides en question, et que leur analyse ne m'en fournira pas d'autres.

Ainsi, vous voyez, si je ne me trompe, qu'on s'en est rapporté au sentiment général ; on a fait la supposition la plus simple. On s'est dit : Nous ne saurions nous prononcer, et d'ailleurs, pour créer une nomenclature simple et commode, nous n'avons pas besoin de fixer nos idées d'une manière plus précise. Nous n'irons pas plus loin pour le moment : peut-être l'avenir donnera-t-il les moyens de pénétrer plus avant.

Ce qu'on avait fait pour les binaires, on le fit aussi pour les sels ; c'est-à-dire qu'on s'arrêta pareillement à la supposition la plus naturelle et la plus facile à exprimer dans la formation des noms. C'est encore l'opinion qui mérite à tous égards la préférence aujourd'hui.

Je ne m'engage point à démontrer que le système de Lavoisier sur la constitution des sels, qu'ont admis les auteurs de la nomenclature; est exact. Il fut et il reste établi sur un sentiment général de convenance, et n'est point basé sur des preuves péremptoires. Mais je me chargerai volontiers de vous faire voir que, devant tous les autres systèmes proposés, s'élèvent des objections de la plus grande force.

Nous commencerons par celui de Davy, auquel M. Dulong a prêté son appui, si puissant à nos yeux Pour être admis et soutenu par de telles autorités, il fallait que ce système fût plus que vraisemblable ; il devait être non seulement possible, mais encore philosophique, important. Il est né, il est vrai, dans l'esprit d'un homme qui paraît avoir cherché toutes les occasions de combattre la théorie de Lavoisier. Si vous suivez Davy dans toute sa carrière scientifique, vous verrez qu'il était souvent excité par le désir de lutter avec les doctrines de Lavoisier, et qu'il s'est constamment efforcé de leur en substituer de nouvelles. Voilà comment il fut sans doute poussé à se mettre en opposition avec les idées adoptées sur la constitution des sels.

Davy part d'un système d'idées qui lui est propre. Les hydracides, nouveau genre d'acides à la découverte desquels il avait coopéré puissamment, voilà son point de départ ! Lavoisier n'avait reconnu que des oxacides. Eh bien ! s'est-il dit, je vais montrer qu'il n'existe que des hydracides. Cette idée paraît bizarre : elle est telle cependant qu'aujourd'hui même, en la discutant, on reste presque indécis, et qu'il faut approfondir cette théorie avec un soin extrême, si l'on veut trouver quelque motif vraiment déterminant en faveur de celle de Lavoisier.

Pour rendre l'exposé de ce que j'ai à vous dire plus rapide et plus facile à saisir, je vous demanderai la permission d'employer les signes chimiques dont on fait usage aujourd'hui. Nous allons nous servir de formules bien postérieures à l'époque où Lavoisier et Davy proposèrent leurs doctrines. Mais elles nous fourniront un moyen de traduire leurs pensées en quelques mots et de faciliter beaucoup leur examen.

Nous admettons, avec Lavoisier, que l'acide sulfurique est SO^3, que l'acide sulfurique ordinaire concentré est ce même acide hydraté SO^3,H^2O, et que la substance que nous appelons sulfate de plomb est un composé de l'acide SO^3 avec l'oxyde de plomb PbO. D'après Davy, rien de tout cela n'est vrai, et il vous dirait : Vous croyez que SO^3 est un acide, eh bien! pas du tout, ce n'est point un acide : je vous défie de me montrer dans ce composé les caractères d'un acide. — Et ce qu'il y a de bien étrange, c'est que si l'on a accepté le défi, on demeure impuissant; on ne peut pas prouver que notre acide sulfurique anhydre soit vraiment un acide. Oui, je le répète (car je crois voir parmi vous des signes d'incrédulité ; car beaucoup d'entre vous, Messieurs, semblent se révolter intérieurement contre ce que je viens d'avancer), on ne peut pas prouver que SO^3 soit un acide. C'est, suivant Davy, l'acide ordinaire, c'est SO^3,H^2O, qui est l'acide véritable, et il l'écrirait d'une manière différente ; car, pour lui, c'est un hydracide. La formule de l'acide de Davy sera $SO^4 + H^2$, c'est-à-dire de l'acide chlorhydrique, dont le chlore Cl^2 est remplacé par le radical SO^4. Et alors vous concevez qu'en mettant cet hydracide en contact avec les bases il devra se comporter comme le font les autres hydracides. Son hydrogène se portera sur l'oxygène des oxydes pour faire de l'eau, et le radical SO^4 s'unira au métal. De cette sorte, ce qu'on appelle sulfate de plomb ne sera pas du tout $SO^3 + PbO$, mais bien $SO^4 + Pb$.

Or, Messieurs, cela est clair ; vous pouvez appliquer ces idées à tous les acides possibles.

Davy ajoute que si son système est exact, il faut, pour combiner l'acide sulfurique avec l'ammoniaque, prendre non pas l'acide anhydre, mais ce qu'on regarde comme de l'acide hydraté. A cet égard, il a consulté l'expérience, et il a vu que, dans le sulfate d'ammoniaque desséché autant que possible, il avait toujours avec SO^3 les éléments de H^2O, par conséquent de quoi constituer son hydracide SO^4,H^2. Tous les sels ammoniacaux présentent une semblable particularité.

Dans ces derniers temps on est allé plus loin, on a essayé

d'unir l'acide sulfurique anhydre, l'acide sulfureux anhydre, au gaz ammoniac sec, et le résultat a encore été favorable à l'opinion de Davy. Les composés produits ont été tout autres que les sels formés par les mêmes acides et l'ammoniaque en présence de l'eau : ils n'ont point reproduit ceux-ci quand on les a dissous dans l'eau, ils n'ont point offert les propriétés générales des sulfates ou des sulfites.

Enfin M. Dulong a appuyé les idées de Davy par ses considérations sur les oxalates, qui, dans ce système, résulteraient de la combinaison de l'acide carbonique avec les métaux, ce qui donnerait une explication facile de quelques-unes, ou, pour mieux dire, de toutes leurs propriétés.

Vous voyez donc qu'une foule de faits viennent à l'appui de cette manière de voir. Cependant ils ne renversent point celle de Lavoisier et peuvent également s'expliquer par elle. La différence de nature qui existe entre l'ammoniaque et les oxydes peut bien occasionner aussi une différence dans leur manière de se comporter avec les acides ; et les phénomènes singuliers que présente l'acide sulfurique hydraté dissous dans l'alcool absolu, en prouvant l'influence que peuvent exercer les dissolvants sur les réactions des corps, permettent de rattacher, sans invraisemblance, à la même cause, les dissemblances observées dans la manière d'agir de l'acide sulfurique, suivant qu'il est anhydre ou hydraté.

En définitive, on serait donc tenté, sinon d'adopter la théorie de Davy, du moins de demeurer indécis entre elle et celle de Lavoisier, s'il n'y avait pas d'objections graves à faire valoir contre la première. On a peine à trouver un moyen de l'attaquer, tant elle paraît bien établie, tant elle est rationnelle ! Elle semble, tout au contraire, simplifier la chimie. Avec elle, en effet, plus que des hydracides ; avec elle, rien que formules semblables pour tous les composés salins, ou plutôt plus de sels, rien que des binaires ; les corps regardés comme sels devenant analogues au chlorure de sodium.

Cependant la réflexion nous fait reconnaître deux motifs tendant à faire repousser ce système, et deux motifs tellement puissants qu'ils me semblent décisifs.

En voici un d'abord : c'est qu'il faudrait admettre une multitude d'êtres que nous n'avons jamais vus, et que nous devons désespérer de voir, des acides per-sulfurique, per-azotique, per-carbonique, etc., dont les formules seraient SO^4, Az^2O^6, C^2O^3, etc. En un mot, chaque oxacide supposera l'existence d'un autre composé renfermant une proportion d'oxygène de plus. Or, je le déclare, toutes les fois qu'une théorie exige l'admission de corps inconnus, il faut s'en défier ; il ne faut lui donner son assentiment qu'avec la plus grande réserve, que lorsqu'il n'est plus permis de s'y refuser, ou du moins qu'en présence des analogies les plus pressantes. Plus cette théorie nécessite d'êtres imaginaires, plus on doit se montrer difficile. C'est, voyez-vous, et peut-être faites-vous la comparaison vous-même, c'est retomber dans l'inconvénient du phlogistique ; et ici, ce ne serait pas seulement un phlogistique, ce serait une nuée de phlogistiques. Il y aurait presque autant de corps supposés que de corps connus. De là une confusion, un embarras pour la science auquel on ne saurait se résigner qu'en obéissant à une véritable, à une impérieuse nécessité.

Il y a une autre raison qui augmente encore l'invraisemblance de ces hypothèses. Dernièrement on a vu que l'acide phosphorique, dissous dans l'eau, pouvait s'offrir à trois états différents, sous chacun desquels il était doué de propriétés particulières. C'est qu'en effet il forme trois hydrates :

$$Ph^2O^5, 3H^2O \qquad Ph^2O^5, 2H^2O \qquad Ph^2O^5, H^2O.$$

Le premier de ces hydrates a reçu le nom d'acide phosphorique ordinaire ; le second, d'acide pyrophosphorique ; le troisième, d'acide métaphosphorique. Peu importent ces noms : laissons-les de côté. Ces trois sortes d'acide phosphorique donnent lieu à des sels différents, dans lesquels l'eau qui se trouvait primitivement unie à l'acide se trouve remplacée par la base, atome par atome, soit en totalité, soit en partie. Du reste, ces trois variétés d'acide passent facilement de l'une à l'autre, soit en perdant de l'eau par la calcination, soit en gagnant de l'eau par un contact prolongé avec ce liquide. Entre elles existent donc, d'une part des différences incontestables, et de l'autre, des rapprochements qui indiquent une grande ressemblance de nature. Les formules toutes simples qu'on leur assigne, en signalant entre ces acides une différence que l'on pourrait comparer, si l'on voulait, à celle qui existe entre l'alcool et l'éther, rendent également parfaitement bien compte de ces rapprochements. Or, il n'en serait plus de même si on envisageait ces corps, non plus comme des hydrates d'un même oxacide, mais comme des hydracides tout différents. Ils seraient alors représentés par :

$$Ph^2O^8, H^6 \qquad Ph^2O^7, H^4 \qquad Ph^2O^6, H^2.$$

Voilà de bien graves changements de nature pour des corps qui passent si aisément de l'un à l'autre. On admettrait dans leur composition des différences de premier ordre pour expliquer des différences de propriétés d'ordre très secondaire. L'effet ne serait pas proportionné à la cause.

J'insiste sur ce raisonnement, car je ne trouve pas d'autres faits à opposer au système soutenu par Davy et M. Dulong. Ainsi, la question n'est point irrévocablement vidée. D'un moment à l'autre, il est possible que cette théorie se relève triomphante, appuyée par quelque découverte qui lui donnera une force nouvelle. Mais jusqu'à présent, je suis d'avis qu'elle doit être repoussée, en raison de cette multitude innombrable d'êtres inconnus qu'elle suppose. Si seulement j'en voyais naître une partie !... j'aurais moins de répugnance à croire à l'existence du reste.

Vous venez de voir que, dans les sels, Davy prend l'oxygène de la base pour le porter sur l'acide. Dans ces derniers temps M. Longchamp a fait précisément l'inverse. Il veut qu'on reporte de l'acide sur la base autant d'oxygène qu'elle en contient déjà. D'après lui, l'acide sulfurique et le protoxyde de plomb donnent, en s'unissant, un composé d'acide sulfureux et d'oxyde puce, dont la formule doit s'écrire ainsi : SO^2, PbO^2. L'acide sulfurique du commerce devient une combinaison d'acide sulfureux et d'eau oxygénée : SO^2, H^2O^2. C'est donc exactement l'hypothèse de Davy renversée.

D'après cela, si vous prenez le sulfate de sesquioxyde de manganèse, que l'on représente par $3SO^3, Mn^2O^3$, il faudrait y voir ce qu'indique la formule $3SO^2, Mn^2O^6$. Or, après cette transformation, vous voyez que vous avez un acide très fort, l'acide manganique, qui joue le rôle de base vis-à-vis d'un acide très faible, l'acide sulfureux. Bien plus, c'est que ce sont deux acides qui ne peuvent coexister : car l'acide sulfureux ramène l'acide manganique à l'état de protoxyde de manganèse.

S'agit-il du sulfate d'alumine, il n'est plus $3SO^3$, Al^2O^3, mais bien $3SO^2$, Al^2O^6. Or, voilà un composé Al^2O^6, que personne ne connaît et dont l'existence n'avait point été soupçonnée, et il y en aura une multitude de semblables ; car il faut qu'à tous les oxydes salifiables correspondent d'autres oxydes renfermant le double d'oxygène ; et pour chaque acide susceptible de combinaison avec les bases, il faudra trouver un autre composé renfermant un atome d'oxygène de moins. Il faudra admettre l'existence de FeO^2, FeO^6, Gl^2O^6, MgO^2, KO^2, etc., etc. et de Ph^2O^4, Ph^2O^2, etc.

Il est inutile d'insister davantage sur les invraisemblances de cette théorie bien moins heureuse que celle de Davy, et qui ne présente aucun côté philosophique.

Quoi qu'il en soit, voilà trois manières de concevoir la composition des sels, et l'on peut représenter le sulfate de plomb par les trois formules suivantes :

$$SO^3,PbO \qquad SO^4, Pb \qquad SO^2, PbO^2.$$

Eh bien ! il y a encore une autre théorie. C'est la négation de toute prédisposition dans les composants d'un sel. Elle consiste à dire : vous cherchez comment les éléments des sels se groupent les uns auprès des autres?... Eh bien ! ils ne se groupent pas les uns auprès des autres ; ils sont disséminés dans le composé. Bref, votre formule n'a aucun arrangement particulier à vous peindre ; vous devez écrire SO^4Pb, ou plutôt O^4PbS, en suivant l'ordre alphabétique ; car vous n'auriez pas de raison pour en adopter un autre.

Dès qu'une théorie n'est pas appuyée sur quelque nécessité, je la repousse. Il ne suffit pas qu'elle soit rigoureusement possible. Elle ne renfermerait rien d'invraisemblable que ce ne serait point encore assez. Il faut qu'elle soit nécessaire, ou tout au moins qu'elle soit utile et basée sur des raisons solides. Il faut surtout, lorsqu'elle est destinée à en remplacer une autre, qu'elle soit mieux établie et plus raisonnable que celle qu'elle doit renverser.

Celle dont il s'agit réalise-t-elle ces conditions? voilà ce que je ne puis admettre. Elle ne repose sur aucune base réelle ; elle ne jette aucune lumière sur les propriétés des corps ; elle masque les rapports qui existent entre eux ; et, appliquée à la nomenclature et aux formules, elle ne ferait qu'y apporter une confusion déplorable.

Que l'on vous dise : il y a un composé dont la formule est $C^{12}H^{12}O^4$ ou C^3H^3O ($C^3H^6O^2$). Vous en ferez-vous tout de suite, d'après cela, une idée juste ? Je suppose même que l'on ajoute : c'est un liquide éthéré, très volatil et d'une odeur suave. Serez-vous fixé sur sa nature ? Vous vous demanderez : mais qu'est-ce que $C^{12}H^{12}O^4$? On voit bien, en se guidant par l'idée d'éther, que $C^{12}H^{12}O^4$ équivaut à $C^4H^2O^3$, C^8H^8, H^2O (CHO^2, C^2H^5), mais il équivaut aussi à $C^8H^6O^3$, C^4H^4, H^2O ($C^2H^3O^2$, CH^3). Cette formule $C^{12}H^{12}O^4$, ou à plus forte raison celle-ci C^3H^3O, vous laissera donc complètement dans l'incertitude.

Ce sera à peu près comme si l'on vous disait : j'ai à vous entretenir d'un personnage dont vous avez entendu parler. Il s'appelle *A²BEIMRU*. L'on ajouterait même que c'est un orateur illustre, un des membres les plus fameux de l'Assemblée Constituante, que vous ne seriez pas encore très avancé. L'un dirait : Ah ! c'est Mirabeau ; l'autre : Bon ! c'est l'abbé Mauri[1]. Une obscurité semblable accompagnera la formule $C^{12}H^{12}O^4$, qui appartient également à l'éther formique ou à l'acétate de méthylène. Qu'à sa place on vous présente au contraire celle ci : $C^4H^2O^3$, C^8H^8, H^2O ; dès lors, non seulement vous savez parfaitement quel est le corps dont il s'agit ; mais en vous disant qu'il s'agit de l'éther formique, cette formule vous offre à elle seule le tableau-résumé d'un grand nombre de ses propriétés.

Eh bien ! je vous le demande, quelle nomenclature voudriez-vous préférer ? (Car je confonds ici nomenclature, formule, manière de se représenter la constitution du corps ; c'est toujours la même question.) Est-ce celle qui ne vous apprend autre chose que la nature des corps simples qui font partie d'un composé ; ou bien celle qui le caractérise le mieux possible, et qui rappelle le mieux ses propriétés essentielles ? La manière la plus utile de représenter les corps n'est-elle pas celle qu'il faut adopter de préférence ?

1. Que le lecteur veuille bien s'attacher à la valeur des sons et point à l'orthographe des mots.

Au reste, ne nous obstinons point à tort. Quand il n'y a point de faits qui permettent d'aller plus loin que la formule brute, sachons nous y arrêter. Mais lorsqu'il y a un système d'idées qui s'accorde à nous présenter d'une certaine manière la constitution intime d'un corps, cherchons un nom et une formule qui en soient l'énoncé. Il ne suffit pas qu'ils expriment des faits possibles ; il faut leur faire exprimer des faits *certains*, et le plus de faits qu'on peut. Rappelons-nous d'ailleurs que toutes ces questions sont entourées d'un nuage qu'il n'a jamais été permis de dissiper complètement jusqu'ici, et soyons prêts à faire le sacrifice de nos opinions dans le cas où des *expériences décisives* viendraient à les renverser.

La marche à suivre au milieu des difficultés qu'offre ce sujet peut être résumée en quelques phrases. Il faut d'abord éviter toute idée préconçue et faire l'analyse brute de la substance proposée, puis la soumettre à des épreuves qui puissent en faire connaître les principales réactions. Quand elle sera binaire ou constituée à la manière des corps binaires, l'action des corps simples, très positifs ou très négatifs, sera éminemment propre à en mettre au jour la vraie nature. Sera-t-elle saline ; les bases ou les acides forts serviront surtout à éclaircir sa constitution intime.

Je sais bien qu'on peut dire : ces corps que vous retirez n'existaient pas, vous les faites naître. J'avoue que leur préexistence me semble vraisemblable et que j'y ai toujours cru. Mais si j'avais été dans le doute, les résultats de M. Biot l'auraient levé. Il a vu en effet que l'essence de térébenthine déviait la lumière polarisée vers la gauche, et qu'en s'unissant à l'acide chlorhydrique pour former le camphre artificiel elle ne perdait point cette propriété, mais qu'elle la conservait au même degré. Il a trouvé un pouvoir rotatoire inverse dans l'essence de citron, quoiqu'elle ait la même composition ; et s'il n'a pas pu vérifier par des expériences précises si ce pouvoir subsistait intact dans son chlorhydrate, il s'est assuré du moins que ce composé déviait la lumière polarisée dans le même sens.

A l'égard de ces corps, le chimiste et le physicien sont donc conduits à la même conséquence : elle semble par conséquent bien établie ; et si elle est vraie pour le chlorhydrate d'essence de térébenthine, elle doit l'être aussi pour les substances analogues. Les recherches de M. Biot méritent donc par leurs conséquences tout l'intérêt des chimistes; elles peuvent devenir décisives pour la théorie, et le sont presque déjà.

Pour certains composés, la forme sous laquelle sont combinés les éléments paraît donc bien déterminée. Mais il y en a sur lesquels on ne sait trop quel jugement porter. Ainsi, le chromate acide de potasse est-il un composé d'acide chromique et de potasse unis directement? Je suis bien plus porté à croire que c'est une combinaison de chromate neutre et d'acide. De même, dans le sous-acétate de plomb, il me semble qu'il faut voir un composé d'oxyde de plomb et d'acétate neutre plutôt qu'un résultat de l'union immédiate de l'acide acétique et de l'oxyde de plomb. Ce sont au surplus des questions à résoudre par l'expérience, et non pas par des raisonnements *a priori*. On ne saurait établir aujourd'hui de système général sur ces matières. Il faut d'abord interroger soigneusement la nature; il faut être fixé sur un grand nombre de cas particuliers; ce n'est que par là qu'il deviendra permis de s'élever avec confiance à des généralités.

Est-on, par exemple, dans la vérité lorsqu'on écrit :

$$Az^2O, \quad Az^2O^2, \quad Az^2O^3, \quad Az^2O^4, \quad Az^2O^5,$$

en admettant dans les composés ainsi représentés de simples combinaisons directes des deux corps simples? Je ne le crois pas, et je suis persuadé, au contraire, que parmi ces cinq composés il y en a qui résultent de la combinaison des autres, soit entre eux, soit avec l'un des deux corps élémentaires. C'est à l'expérience, je le répète, à préciser l'état réel de leur constitution intime.

Beaucoup de chimistes aujourd'hui regardent l'oxyde de carbone comme un radical susceptible de jouer le rôle de corps simple vis-à-vis de l'oxygène et du chlore, par exemple. Cette manière de voir, qui trouve à présent un véritable appui, dans la théorie des composés benzoïques, fut exposée ici, dans un premier essai de philosophie chimique, auquel je consacrai quelques leçons en 1827. L'oxyde de carbone y fut assimilé au cyanogène ; l'acide chloroxycarbonique et l'acide carbonique furent donc représentés par les formules C^2O, Cl^2 ($CO.Cl^2$) et C^2O, O ($CO.O.$) ; et j'admis conséquemment que le même corps simple pouvait entrer en combinaison de deux manières différentes dans un même produit. D'après les expériences de MM. Wœhler et Liebig sur le benzoïle, cette manière de voir a été généralement adoptée, et elle a reçu une nouvelle confirmation par la loi des substitutions.

Tout récemment, M. Laurent et M. Persoz ont appliqué cette idée d'une manière très étendue. D'après M. Persoz, l'acide azoteux est formé de bioxyde d'azote et d'oxygène $Az^2O^2 + O$, et l'acide azotique d'acide hypoazotique et d'oxygène $Az^2O^4 + O$: en un mot, tous les acides renferment un atome d'oxygène en dehors du radical ; en sorte que l'acide borique doit être $BO^2 + O$, l'acide chromique $CrO^2 + O$, etc. Dirai-je qu'on doit admettre ces hypothèses? Je ne le crois pas. On a trop peu de raisons à faire valoir en leur faveur. Évitons soigneusement les suppositions gratuites. Rappelons-nous sans cesse qu'il y a le plus grand danger à créer des radicaux hypothétiques sans nécessité.

Voici donc ma proposition : laissez les séries binaires comme elles sont ; laissez les séries salines comme elles sont. Toutefois, faites des expériences pour vous assurer si elles sont bien conçues, et croyez bien d'ailleurs que la décision prise pour une série aura besoin d'être vérifiée pour les autres et qu'il ne faudra pas se presser de généraliser.

Je me dois à moi-même, je dois à mes jeunes camarades ou élèves de leur dire ici ma pensée sans détour. C'est avec regret que je vois de jeunes chimistes si capables de faire un usage précieux de tous leurs moments, en consacrer même une petite partie à combiner vaguement des formules d'une manière plus ou moins probable, plus ou moins possible[1].

1. Dans le nombreux auditoire qui n'a cessé de se presser à ces savantes leçons, il n'est personne qui n'ait compris la pensée du professeur. Pensée bienveillante et d'amitié qui s'est librement échappée d'un cœur qui se croit suffisamment protégé par ses antécédents.

Et pourtant cette phrase a suscité des reproches de M. Laurent envers M. Dumas. Comme si, en ouvrant son laboratoire à tous les jeunes chimistes, au malheureux Boullay, à M. Péligot, à M. Pelouze, à M. Laurent et à tant d'autres, si en les initiant aux secrets de son expérience, si en les réchauffant du feu qui l'anime, M. Dumas avait dû renoncer au droit de leur donner un conseil !

Ah ! qu'il me soit permis d'ajouter que, loin de se laisser décourager, j'espère que

La nomenclature de Lavoisier n'exprime que la nature et l'état des corps : elle n'avait pas d'autre objet. Après que les équivalents chimiques furent bien établis, M. Berzélius songea à créer une nomenclature symbolique, dans laquelle on pût indiquer non seulement le nom des éléments et la manière d'envisager leur réunion, mais de plus leurs quantités respectives : ce qu'il fit en exprimant les poids des atomes par des signes auxquels il associa l'indice de leur nombre. C'est ainsi qu'il établit ces formules si commodes, comme SO^3PbO, qui disent en effet tout ce que je viens d'énumérer. Aussi ont-elles été généralement adoptées. Il n'y a guère que quelques chimistes anglais qui se refusent encore à en faire usage, et nous ne pouvons trop les en blâmer hautement.

Voilà donc deux nomenclatures bien distinctes, la nomenclature parlée et la nomenclature écrite, ayant chacune ses avantages et ses exigences. Sans doute la seconde est à la fois d'une exactitude et d'une précision bien précieuses; mais s'ensuit-il qu'il faille chercher à modeler la première sur elle? Non, messieurs, mille fois non. Il faut que la seconde reste ce qu'elle a été; une langue claire, simple et même élégante ; une langue qu'on puisse parler sans effort, et comprendre sans travail. Il faut qu'elle soit exacte ; mais aussi qu'elle soit concise et harmonieuse.

Cependant, il est impossible d'éviter qu'il soit fait quelques tentatives tendant à confondre ces deux manières de désigner les corps. Il ne se passe presque pas d'année où l'Institut ne reçoive un ou deux nouveaux plans de nomenclature, plus ou moins vicieux, plus ou moins niais. Les personnes qui se sont occupées d'histoire naturelle ne s'en étonneront pas : Vous savez, par exemple, combien est belle, combien est utile la nomenclature linnéenne en botanique, précisément parce qu'elle n'exprime rien, ou si peu, que l'envie de la modifier doit venir difficilement à un homme raisonnable, même quand la science a subi quelques changements. Cepen-

M. Dumas conservera toujours envers la jeunesse cette inaltérable bienveillance qui l'a déjà placé si haut dans la vénération publique et qui lui a déjà permis de susciter au milieu de nous cette brillante école de jeunes chimistes qui fait l'espoir de la science et celui du pays.

Bineau E.
(Rédacteur de ces leçons).

dant, il y a des gens qui ne se rendent pas à ces raisons, et qui veulent renchérir sur Linné, au risque de former les dénominations les plus cruelles à prononcer.

Croirait-on, par exemple qu'il se soit trouvé un botaniste, Bergeret, qui, s'efforçant d'exprimer tous les caractères des plantes dans leur nom, n'a pas eu l'oreille blessée des mots barbares qu'enfantait son système? Et pourtant au nom ordinaire de la *mélisse*, simple et commode à prononcer, il substitue celui de *sœfnéanizara ;* la *lavande* devient *sœfnia ceara;* l'*ortie rouge, niqslyafoajiaz ;* le *serpolet, qiqgyafoasiaz ;* et la *menthe, oiqgyafoajoaz !!!*

Vous admirez la mélodie de ces noms et la facilité de leur prononciation : eh bien ! ce qui vous semble si sauvage pour la science des fleurs, M. Griffins vient de le renouveler pour la chimie. Ses noms expriment le *nombre des atomes* et non pas l'ordre de leur combinaison. Nous savons déjà ce qu'on y gagne philosophiquement ; voyons maintenant ce qu'on y gagne sous le rapport de l'harmonie et du beau langage. Attendez : il faut que je lise ; autrement je ne pourrais m'en tirer. Je tombe sur le feldspath : voilà un minéral d'un nom bien connu, et bien commode au moins pour sa brièveté. M. Griffins n'en veut pas ; il aime mieux dire :

Kalialisilioxy-monatriadodecaocta.

Et l'alun ordinaire, il faut l'appeler :

Kalialinstriasulintetraoxynocta Aquindodeca.

Vous allez dire peut-être que ces corps sont d'une composition très compliquée, qui oblige nécessairement à leur donner des dénominations longues et embarrassées. Eh bien ! prenons le fluorate de baryte : dans le système de M. Griffins, il se nomme *Baliborintriaflurintetra Aqui.*

Enfin la craie, pour laquelle les noms communs manquent si peu, que vous pouvez appeler scientifiquement carbonate de chaux ; en langage de minéralogie, chaux carbonatée, ou bien encore, si vous voulez, *blanc de Meudon, blanc d'Espagne, pierre calcaire,* tout comme il vous plaira, car tous ces noms me semblent préférables à celui que je vois là, que je vais prononcer ; la craie prend le ici nom de *Calcicariproxintria.*

Ces choses n'ont pas besoin d'être combattues ; il suffit de les lire.

Laissons à la nomenclature écrite sa précision et ses indications rigoureuses. Mais songeons qu'à la nomenclature parlée, il faut de l'élégance, il faut un peu de ce laisser-aller sans lequel les noms deviennent d'une longueur ridicule et fatigante.

En finissant, je ne puis m'empêcher de témoigner le regret que j'éprouve en voyant entrer dans la science des noms tels que *mercaptan*, ou *mercaptum*, qui ne reposent que sur de mauvais jeux de mots : car *mercaptan* veut dire *corpus mercurium captans*, corps qui prend le mercure ; et *mercaptum*, *corpus mercurio aptum*, c'est-à-dire corps uni au mercure. J'aimerais mieux en vérité la méthode d'Adanson, qui tirait au sort les lettres qui devaient former le nom dont il avait besoin. Tenez, j'en dirai encore autant d'un nom qui a été proposé récemment dans un des plus beaux mémoires que la chimie possède. L'importance du travail dont le corps ainsi nommé a été l'objet rend mon observation plus nécessaire : c'est le mot *aldéhyde*, qui signifie *alcool dehydrogenatum*, alcool déshydrogéné. Ainsi, dans l'alcool, on prend, sans s'embarrasser de l'étymologie, la particule *al*, qui, dans la langue arabe où est pris le mot alcool, indique la perfection d'une chose quelconque ; particule qui par conséquent ne précise rien, qui est commune à tous les noms arabes pris à leur plus haut degré, et qui appartient aussi bien à l'alcoran qu'à l'alcool. On y ajoute la syllabe *hyd* qui n'est pas non plus le radical du mot hydrogène.

Le mercaptan, c'est du bisulfhydrate d'hydrogène bicarboné.

L'aldéhyde, c'est un corps dont les connexions avec l'acide acétique devaient surtout frapper le nomenclateur. A mon avis, dans la nomenclature des corps organiques, il faut faire peu d'attention à leur *origine* et beaucoup à leurs *dérivés*. Ainsi, le mot *chloral* ne m'apprend rien d'essentiel, tandis que le mot *chloroforme* exprime le fait saillant de l'histoire du corps, sa conversion en chlore et acide formique sous l'influence des bases.

Je puis faire ces remarques, j'ai le droit de les faire ; car nul ne professe une plus profonde estime pour les travaux de M. Zeise ; nul ne connaît mieux que moi ce que la science doit à M. Liebig et ce que M. Liebig promet à la science pour l'avenir. Que M. Liebig me permette de le lui dire, il est doué d'un génie trop puissant pour avoir le droit de cesser d'être logique, même en adoptant un mot.

Tout cela est transitoire, il est vrai, fort heureusement; mais cette excuse ne rend pas de pareils noms meilleurs, et c'est une nécessité de les critiquer dans un cours tel que celui-ci; surtout quand on songe que ce provisoire peut durer tout aussi longtemps que ces baraques ignobles bâties pour un jour et qui pendant des siècles ont défiguré les approches de nos plus beaux monuments.

Je terminerai cette leçon en vous exposant en deux mots mon système sur les questions que je viens de discuter. Le voici :

Donnez aux corps simples et aux corps qui agissent comme eux des noms insignifiants, pourvu qu'ils se prêtent facilement à la formation des noms composés;

Prenez pour les corps composés les formules qui, s'accordant avec l'analyse élémentaire, représentent le mieux l'expérience, et ne les basez jamais que sur elle;

Représentez autant que possible, dans la langue parlée, ces formules, par des noms clairs et commodes, en ce qu'elles ont d'essentiel, mais en négligeant toutes les circonstances accessoires, et sans prétendre tout énoncer.

Ceci fait, vous aurez exprimé les vérités de votre temps, les vérités de votre époque. Vous laisserez pourtant à votre esprit toute sa liberté, en vous rappelant que si vous n'enregistrez ainsi que des vérités, vous n'enregistrez pas du moins toute la vérité et que vos neveux auront à poursuivre l'œuvre que vous avez commencée.

GÉNÉRALITÉS

Notation des formules.

Par Ch. GERHARDT.

(Traité de Chimie organique, 4, 561 [1856].)

GERHARDT (Charles-Frédéric) 1816-1856, né à Strasbourg, eut une existence assez agitée et peu heureuse. Il partit de chez lui à quinze ans pour aller suivre les cours de l'École polytechnique de Carlsruhe; les établissements d'enseignement technique avaient pris dans toute l'Europe le nom de notre grande école qui était alors dans le plein épanouissement de sa gloire. Après un rapide séjour dans différents laboratoires d'Allemagne et surtout dans celui de Liebig à Giessen, il vint à Paris travailler au laboratoire de Chevreul et y resta six ans ; à vingt-huit ans il était nommé professeur de chimie à l'Université de Montpellier. Mais, incapable de se fixer longtemps au même endroit, il revient au bout de quatre ans à Paris où il fonde, en 1851, une école de chimie pratique. Il repart en 1855 à Strasbourg, sa ville natale, comme professeur à l'Université et à l'École de pharmacie et y meurt l'année suivante, âgé seulement de quarante ans.

Gerhardt était plutôt spéculateur qu'expérimentateur; il fit cependant quelques découvertes importantes en chimie organique, notamment celle des anhydrides. Il est surtout célèbre par l'impulsion qu'il a donnée à la notation chimique. On lui doit l'usage systématiquement adopté aujourd'hui de rapporter les formules des corps simples et composés à des volumes égaux de vapeur, c'est-à-dire à leur poids moléculaire; la définition du poids atomique, considérée comme la plus petite partie d'un corps existant dans les poids moléculaires de ses différentes combinaisons; l'emploi des formules unitaires en chimie minérale, en opposition avec l'ancienne notation dualistique de Berzélius; il introduisit enfin en chimie organique la théorie des types. Le succès de ses idées ne fut complet que longtemps après sa mort; il fut retardé par la violence avec laquelle son ami Laurent et lui attaquèrent les chimistes les plus éminents : Dumas, Regnault, Thénard, Berzélius et Liebig. La forme, comme cela arrive parfois, nuisit au fond.

H. L. C.

Les pages de Gerhardt reproduites ici sont empruntées à l'un des derniers chapitres du dernier volume de son Traité de Chimie générale; elles résument les principes essentiels de la notation chimique moderne. Les idées de Gerhardt étaient en telle opposition avec celles de ses contemporains qu'il dut, sur la demande de son éditeur, pour rendre possible la vente de son ouvrage, conserver, dans les premiers volumes, l'ancienne notation en équivalents et rejeter l'exposé de ses idées avec l'emploi de ses formules à la fin de l'ouvrage.

Sa notation est l'aboutissement logique du mouvement d'opinion qui s'est progressivement, mais inconsciemment développé parmi les chimistes depuis les expériences de Gay-Lussac. Gerhardt ne présente pas ainsi ses idées ; il ignore systématiquement les travaux de ses devanciers et exhale son mépris pour leurs préoccupations théoriques. On l'eût bien surpris si on lui avait dit qu'il serait considéré un jour comme l'un des fondateurs de la théorie atomique. Dédaignant toutes les spéculations sur la constitution de la matière, il proclame, comme Dumas d'ailleurs, que les formules chimiques doivent viser seulement à rappeler par leur contexture le plus grand nombre des propriétés des corps qu'elles sont destinées à représenter.

Il rapporte toutes les formules à des volumes égaux de vapeur, parce que la plupart des doubles décompositions de la chimie organique se font entre des volumes égaux des corps en réaction; parce que les poids équivalents des différents acides ou des différents alcools occupent le même volume; parce que les alcools et les acides se neutralisent à volumes égaux, etc. Il prend comme volume type, destiné à servir d'unité, celui de la molécule d'eau que l'on rencontre dans la plupart des doubles décompositions. Telle est l'origine de nos poids moléculaires.

Il propose ensuite de doubler les équivalents de certains corps simples, comme le carbone et l'oxygène pour éviter de les faire toujours figurer dans les formules moléculaires avec un exposant pair. Cela revient à prendre, bien qu'il ne le dise pas explicitement, pour poids proportionnel de chaque corps simple, la plus petite quantité de ce corps existant dans les poids moléculaires de ses différents composés. Ce sont bien là nos poids atomiques.

Il développe enfin une méthode de composition des formules rationnelles des composés organiques consistant à mettre en évidence dans ces formules d'une part certains types de combinaison : H^2, H^2O, AzH^3, CH^4 *et d'autre part les résidus, les radicaux des corps générateurs quand ceux-ci peuvent être facilement régénérés par une réaction inverse. Un corps peut présenter plusieurs formules rationnelles.*

SENS DES FORMULES[1]

C'est un préjugé si généralement répandu qu'on peut, par les formules chimiques, exprimer la constitution moléculaire des corps, c'est-à-dire le véritable arrangement de leurs atomes, que j'aurai peut-être de la peine à persuader du contraire quelques-uns de mes lecteurs ; la préexistence, dans le sulfate de baryte, par exemple, de l'acide sulfurique et de la baryte semble si évidente, si conforme à toutes les vérités acquises qu'il peut paraître téméraire de vouloir combattre cette opinion. Cependant rien n'est plus facile que de démontrer qu'elle repose sur une illusion, sur une fausse interprétation des phénomènes.

Ceux qui admettent que le sulfate de baryte renferme tout formés de l'acide sulfurique et de la baryte se fondent sur ce fait que ce sel se produit par la combinaison directe de ses deux parties constituantes et peut de nouveau y être transformé. Mais le sulfate de baryte se produit aussi par la combinaison de l'acide sulfureux et du peroxyde de baryum, ou par la combinaison du sulfure de baryum avec l'oxygène, et l'on peut également convertir de nouveau le sulfate de baryte en acide sulfureux ou en sulfure de baryum. Si la constitution moléculaire d'un composé chimique pouvait se déduire de son mode de formation, on aurait donc, pour le sulfate de baryte, au moins trois formules différentes.

$$SO^3 + Ba^2O$$
$$SO^2 + Ba^2O^2$$
$$SBa^2 + O^4.$$

Voici pourquoi les chimistes donnent la préférence à la première formule : c'est qu'elle a l'avantage d'éveiller en nous le souvenir d'une certaine somme d'analogies, d'un certain nombre de corps ou de faits semblables et, en particulier, celui des doubles décompositions dont le sulfate de baryte est susceptible, à l'instar d'autres sulfates ou d'autres

1. *Avertissement.* — Le lecteur est prévenu que, dans toute cette partie, j'ai cru devoir me servir de ma notation, afin de mieux rendre ma pensée dans les développements théoriques. D'ailleurs, pour passer de ma notation à la notation ancienne, *il suffit de doubler le carbone et l'oxygène* (le soufre et le sélénium), sans toucher aux symboles de l'hydrogène, de l'azote, du phosphore, des métaux, du chlore, du brome, de l'iode et du fluor.

sels de baryte. Lorsque nous représentons le sulfate de baryte comme la combinaison d'un acide et d'une base, c'est moins pour exprimer le mode de formation de ce sel par la réunion directe de l'acide et de la base que pour rappeler sa ressemblance, sous le rapport des transformations chimiques, avec le sulfate de plomb ou le sulfate de fer, avec le phosphate de baryte ou le nitrate de baryte ; nous voulons ainsi rappeler qu'on peut, dans le sulfate de baryte, remplacer l'oxyde de baryum par l'oxyde de plomb ou l'oxyde de fer, et le transformer en d'autres sulfates, ou bien remplacer l'acide sulfurique par l'acide phosphorique ou l'acide nitrique, et le transformer en d'autres sels de baryte ; en un mot, la formule qui fait du sulfate de baryte une espèce d'édifice double, composé d'acide et de base, doit rappeler qu'on peut convertir ce corps, par double décomposition, en un certain nombre de composés analogues. Voilà le vrai sens de la doctrine dualistique et de la nomenclature, qui y est basée ; ce qui n'exclut pas l'emploi, pour certaines démonstrations, des formules représentant le sulfate de baryte comme une combinaison d'acide sulfureux et de peroxyde de baryum, ou d'oxygène et de sulfure de baryum. Si ces dernières formules expriment moins d'analogies que la formule dualistique, elles font ressortir, de leur côté, certains rapports de composition et de réaction qui ne sont pas rendus sensibles par la notation du sulfate de baryte comme combinaison d'acide et de base.

Il y a une vingtaine d'années, les premiers travaux sur l'alcool et les éthers provoquèrent des discussions fort animées. Les chimistes étaient divisés en deux camps : les uns représentaient l'éther comme une combinaison d'éthyle et d'oxygène, les autres l'envisageaient comme une combinaison d'eau et d'hydrogène bicarboné ; chacun des deux partis apportait des faits nombreux à l'appui de sa doctrine. Aujourd'hui la théorie de l'éthyle est presque universellement adoptée (sous une forme, il est vrai, modifiée) : est-ce parce que réellement la théorie de l'éthyle aurait été reconnue comme plus vraie que la théorie de l'hydrogène bicarboné ? Je ne le pense pas : dans mon opinion, les deux théories disent moins qu'elles n'avaient la prétention d'affirmer ; ni l'une, ni l'autre ne saurait donner la constitution absolue de l'éther, chacune ne fait que résumer un certain ordre d'analogies, seulement la théorie de l'éthyle comprend plus d'analogies que la théorie de l'hydrogène bicarboné; et ce qui a fait la fortune de la première, c'est que les analogies qu'elle exprime sont du même ordre que celles qui ont fait donner la préférence à la formule du sulfate du baryte, comme combinaison d'acide et de base. Logiquement la théorie de l'éthyle devait survivre à la théorie de l'hydrogène bicarboné, du moment qu'en chimie minérale, la formule dualistique du sulfate de baryte se maintenait à l'exclusion des formules rappelant d'autres modes de formation de ce sel. Ceci, bien entendu, n'empêche pas d'être parfaitement rationnelle la formule qui représente l'alcool comme une combinaison d'eau et d'hydrogène bicarboné, puisqu'on peut transformer l'alcool en eau et gaz oléfiant, tout comme on peut effectuer la réaction inverse et convertir le gaz oléfiant en alcool.

Parlerai-je des deux théories applicables aux sels ammoniacaux et aux sels des alcalis organiques? La théorie de l'ammonium rappelle les doubles échanges dont ces sels sont susceptibles, et l'analogie qu'ils offrent, sous ce rapport, avec les sels métalliques ; elle correspond à la théorie de l'éthyle. La théorie de l'ammoniaque exprime la formation des sels ammoniacaux par la combinaison de l'alcali avec les acides ; elle correspond à la théorie de l'hydrogène bicarboné. Suivant l'analogie qu'on a en vue d'exprimer, on pourra choisir des formules écrites dans l'une ou dans l'autre théorie.

En résumé, les formules chimiques n'expriment et ne peuvent exprimer que des rapports, des analogies ; les meilleures sont celles qui rendent sensibles le plus de rapports, le plus d'analogies.

Ce caractère des formules chimiques rend évidemment oiseuses toutes les discussions qui portent uniquement sur la question de savoir *sous quelle forme* est engagé dans une combinaison tel élément ou tel groupe d'éléments, qu'on peut en extraire ou qu'on y a fait entrer, si l'on n'attache pas à cette forme une idée précise de réactions ou de propriétés chimiques. Je conçois qu'on dise de certains corps azotés qu'ils renferment l'azote sous forme de vapeur nitreuse NO^2, pour faire entendre que l'azote y a été introduit par l'acide nitrique, qu'ils font explosion par la chaleur comme les nitrates, qu'ils se réduisent par l'hydrogène sulfuré, etc. ; je conçois qu'on distingue deux isomères, comme l'éther méthyle acétique et l'éther éthyle formique, en disant que l'un renferme le carbone et l'hydrogène sous forme de méthyle et d'acétyle, l'autre contenant les mêmes éléments sous forme d'éthyle et de formyle, pour indiquer ainsi qu'en plaçant ces deux corps sous l'influence du même réactif, on obtient avec l'un de l'esprit de bois et de l'acide acétique, avec l'autre de l'esprit de vin et de l'acide formique. Ici la forme a un sens déterminé ; les manières de la représenter graphiquement, c'est-à-dire de figurer par des signes les réactions auxquelles correspond chaque forme, pourront bien ne pas être les mêmes pour deux chimistes, et cependant exprimer au fond le même fait, les mêmes rapports. Deux expérimentateurs ne peuvent donc discuter sur la forme d'un élément ou d'un groupe d'éléments engagés dans une combinaison que s'ils emploient chacun les mêmes signes, les mêmes formules, pour exprimer les mêmes choses ; la discussion peut aboutir, dans ce cas seulement, quand l'un vient à démontrer par l'expérience que son contradicteur s'est trompé sur un fait, qu'il a exécuté une analyse défectueuse ou qu'il a mal observé une réaction. Mais toute discussion demeure nécessairement stérile lorsqu'elle porte uniquement sur la configuration des formules, alors qu'on est d'accord sur les faits. Non pas que le choix de la notation soit une chose absolument indifférente ; je considère, au contraire, une notation rationnelle et régulière comme un instrument essentiel de progrès, comme un puissant moyen de provoquer les idées. Une notation est d'autant meilleure qu'elle rappelle à l'esprit plus d'analogies, qu'elle lui suggère plus de pensées fécondes ; elle peut être concise et correcte, ou prolixe et confuse, comme le style dans la langue parlée ou écrite ; ce sont là des qualités ou des défauts inhérents à l'individualité de chacun, auxquels nous pouvons atteindre ou dont nous pouvons nous corriger par plus ou moins d'efforts.

On peut donc sans doute différer dans l'appréciation de la convenance d'un mode de notation : tel genre de symboles ou de signes qui nous paraît expressif et saisissant, et avec l'usage duquel nous sommes familiarisés, peut n'avoir pas le même caractère aux yeux d'autres chimistes, habitués à une notation différente. Mais ce que je ne comprends pas, c'est que des chimistes, parlant chacun en quelque sorte une langue particulière, en viennent entre eux à des discussions alors qu'ils sont parfaitement d'accord sur les faits. De semblables discussions sont toujours sans résultat, soit parce que, sans s'en douter, chacun exprime les mêmes faits dans une langue qui n'est pas comprise de son contradicteur, soit parce que les uns et les autres attribuent à la langue des formules un sens qu'elle ne saurait avoir, celui d'exprimer l'arrangement moléculaire. Les mêmes chimistes s'entendraient infailliblement s'ils se traduisaient réciproquement en termes précis les mots dont ils se servent, s'ils faisaient usage de la même mesure, de la même unité de comparaison pour exprimer les relations observées par eux.

J'ai publié, il y a quelques années, des recherches sur plusieurs nouvelles combinaisons du platine. Mes résultats n'ont pas été contestés, mais on a vivement attaqué mes formules. Pour rappeler l'analogie si complète que ces combinaisons présentent avec les sels d'ammoniaque et avec les sels métalliques ordinaires, pour exprimer en même temps les relations qui existent entre elles et d'autres sels de platine, je les avais représentées comme formées d'une ammoniaque dans laquelle l'hydrogène était remplacé par l'un ou par l'autre équivalent du platine : quoi de plus simple pour indiquer qu'on peut opérer dans ces composés toute une série de doubles décompositions parfaitement semblables aux doubles décompositions ordinaires? Cependant un chimiste étranger trouve extravagantes ces formules, leur attribuant évidemment un sens qui a été loin de ma pensée, et prétend dire une chose plus vraie en considérant mes composés comme des sels *copulés* avec de l'ammoniaque : ainsi pour ce chimiste mon nitrate de platin-ammonium ou de platinamine est du nitrate de bioxyde de platine copulé avec de l'ammoniaque. Mon honorable contradicteur me permettra de lui dire qu'il se trompe sur les sens de mes formules et des siennes propres : les unes et les autres ne peuvent représenter que de simples rapports ou réactions, et non l'arrangement moléculaire ; or, comme nous sommes d'accord sur ces rapports et ces réactions, nous ne différons donc que sur la manière de les rendre sensibles, sur la langue dans laquelle nous les exprimons. Reste à savoir seulement qui de nous deux parle la langue la plus intelligible et la plus claire ; c'est là un point que le lecteur appréciera quand il connaîtra les principes sur lesquels est basée ma notation, et qu'il trouvera exposés dans les paragraphes suivants.

ÉQUATIONS CHIMIQUES, RADICAUX

Les formules chimiques, comme nous l'avons dit, ne sont pas destinées à représenter l'arrangement des atomes ; mais elles ont pour but de rendre évidentes, de la manière la plus simple et la plus exacte, les relations qui rattachent les corps entre eux sous le rapport des transformations.

Toute transformation, toute réaction chimique peut se rendre par une *équation* entre les matières réagissantes et les produits de la réaction. Représenter un corps par une *formule rationnelle*, c'est résumer par des signes de convention un certain nombre d'équations dans lesquelles figure ce corps, un autre corps étant pris pour unité de comparaison. Les formules rationnelles sont donc en quelque sorte des équations contractées.

Soit, par exemple, les réactions suivantes : le chlorure de benzoïle et l'ammoniaque donnent de la benzamide et de l'acide chlorhydrique ; l'acide benzoïque anhydre et l'ammoniaque donnent de la benzamide et de l'eau ; la benzamide et la potasse caustique donnent l'ammoniaque et du benzoate de potasse. Ces réactions s'expriment par les équations :

$$C^7H^5OCl + NH^3 = C^7H^7NO + HCl,$$
$$C^{14}H^{10}O^3 + 2NH^3 = 2C^7H^7NO + H^2O,$$
$$C^7H^7NO + KHO = NH^3 + C^7H^5KO^2.$$

Ces trois équations, où les termes benzamide C^7H^7NO et ammoniaque NH^3 sont communs à chacune, peuvent s'écrire ainsi :

$$C^7H^7NO = NH^3 + C^7H^5OCl - HCl,$$
$$2C^7H^7NO = 2NH^3 + 2C^7H^5O - H^2O,$$
$$C^7H^7NO = NH^3 + C^7H^5KO^2 - KHO,$$

ou bien

$$C^7H^7NO = NH^3 + C^7H^5O + Cl - H - Cl,$$
$$2C^7H^7NO = 2NH^3 + 2(C^7H^5O) + O - 2H - O,$$
$$C^7H^7NO = NH^3 + C^7H^5O + KO - H - KO ;$$

ce qui donne en définitive :

$$\begin{aligned} C^7H^7NO &= NH^3 - H + C^7H^5O, \\ 2C^7H^7NO &= 2NH^3 - 2H + 2(C^7H^5O), \\ C^7H^7NO &= NH^3 - H + C^7H^5O. \end{aligned}$$

En termes de chimie, cela veut dire que la benzamide se comporte, dans les réactions citées, comme de l'ammoniaque à laquelle manque l'atome d'hydrogène, auquel atome d'hydrogène sont *substitués* les éléments C^7H^5O. Comme formule rationnelle de la benzamide, rapportée à l'ammoniaque, on écrira donc :

$$NH^2(C^7H^5O) \text{ ou } N \left\{ \begin{matrix} C^7H^5O \\ H \\ H \end{matrix} \right.$$

Les réactions chimiques du genre des précédentes, où deux corps, par leur décomposition réciproque, produisent deux autres corps, sont connues sous le nom de *doubles décompositions*. On peut, en effet, les représenter comme des substitutions ou des échanges d'éléments s'effectuant sur chacun des deux corps mis en présence. Dans la première réaction, le chlorure de benzoïle échange les éléments C^7H^5O pour H, et l'ammoniaque échange H pour les éléments C^7H^5O :

$$Cl,C^7H^5O + N \left\{ \begin{matrix} H \\ H \\ H \end{matrix} \right. = Cl,H + N \left\{ \begin{matrix} C^7H^5O \\ H \\ H \end{matrix} \right.$$

Dans la deuxième réaction, l'acide benzoïque anhydre échange C^7H^5O pour H, et l'ammoniaque échange H pour C^7H^5O :

$$O \left\{ \begin{matrix} C^7H^5O \\ C^7H^5O \end{matrix} \right. + 2N \left\{ \begin{matrix} H \\ H \\ H \end{matrix} \right. = O \left\{ \begin{matrix} H \\ H \end{matrix} \right. + 2N \left\{ \begin{matrix} C^7H^5O \\ H \\ H \end{matrix} \right.$$

Dans la troisième réaction, la benzamide échange C^7H^5O pour H, et la potasse échange H pour C^7H^5O :

$$N \left\{ \begin{matrix} C^7H^5O \\ H \\ H \end{matrix} \right. + O \left\{ \begin{matrix} H \\ K \end{matrix} \right. = N \left\{ \begin{matrix} H \\ H \\ H \end{matrix} \right. + O \left\{ \begin{matrix} C^7H^5O \\ K \end{matrix} \right.$$

J'appelle *radicaux* ou *résidus* les éléments de tout corps qui peuvent être ainsi transportés dans un autre corps par l'effet d'une double décomposition, ou qui ont été introduits par une semblable réaction. Ainsi le chlorure de benzoïle, l'acide benzoïque anhydre, la benzamide renferment le radical C^7H^5O (benzoïle); l'ammoniaque, l'eau, la potasse renferment le radical H (hydrogène). Comme, d'un autre côté, dans les exemples cités, l'échange a lieu, non seulement entre le benzoïle et l'hydrogène, mais encore entre le chlore et l'azote (le chlorure de benzoïle devient azoture de benzoïle et d'hydrogène), ainsi qu'entre l'oxygène et l'azote (l'oxyde de benzoïle devient azoture de benzoïle et d'hydrogène, l'azoture de benzoïle et d'hydrogène devient oxyde de benzoïle et de potassium), la dénomination de radicaux est aussi applicable au chlore du chlorure de benzoïle et de l'acide chlorhydrique, à l'azote de l'ammoniaque et de la benzamide, à l'oxygène de l'eau et de l'acide benzoïque anhydre, etc.

On voit, d'après cela, que, contrairement à la plupart des chimistes, *je prends l'expression de radical dans le sens de rapport, et non dans celui de corps isolable ou isolé.* Je distingue donc le radical hydrogène du gaz hydrogène, le radical chlore du chlore libre; bien mieux, si l'on veut représenter par des formules rationnelles l'hydrogène ou le chlore libres, l'étude des réactions conduit à écrire le gaz hydrogène par les deux radicaux HH et le gaz chlore par les deux radicaux ClCl. Dans la nomenclature usuelle, le gaz hydrogène serait donc l'hydrure d'hydrogène, et le gaz chlore serait le chlorure de chlore; cela veut dire que le gaz chlore et le gaz hydrogène résultent de doubles décompositions, ou peuvent donner lieu à des doubles décompositions entièrement semblables à celles qui ont fait appeler l'essence d'amandes amères hydrure de benzoïle, et la même essence chlorée chlorure de benzoïle :

Gaz hydrogène ou hydrure d'hydrogène.	H,H
Essence d'amandes amères ou hydrure de benzoïle.	H,C^7H^5O
Gaz chlore ou chlorure de chlore.	Cl,Cl
Essence d'amandes amères chlorée ou chlorure de benzoïle.	Cl,C^7H^5O.

Si l'on traite, par exemple, le gaz chlore par de la potasse, on obtient du chlorure de potassium et de l'hypochlorite de potasse, par l'effet d'une double décomposition entièrement semblable à celle qui donne lieu au chlorure de potassium et au benzoate de potasse dans le traitement du chlorure de benzoïle par la potasse :

$$Cl,Cl + O \left\{ \begin{matrix} K \\ K \end{matrix} \right. = Cl,K + O \left\{ \begin{matrix} Cl \\ K \end{matrix} \right.$$

$$Cl,C^7H^5O + O \left\{ \begin{matrix} K \\ K \end{matrix} \right. = Cl,K + O \left\{ \begin{matrix} C^7H^5O \\ K \end{matrix} \right.$$

Il est donc bien entendu qu'en parlant d'un radical je ne désigne aucun corps sous la forme et avec les propriétés qu'il aurait à l'état isolé; mais je distingue simplement le *rapport* suivant lequel se substituent ou se transportent d'un corps à l'autre, dans la double décomposition, certains éléments ou groupes d'éléments. Au reste, l'observation la plus superficielle démontre combien est grande la différence qui existe entre un élément, tel qu'il se présente à l'état libre, et ce même élément engagé dans une combinaison; personne ne songerait à identifier les affinités chimiques du charbon noir ou du diamant avec celles du carbone engagé dans ces milliers de combinaisons appelées organiques; la logique la plus vulgaire nous commande la même distinction à l'égard du chlore ou de l'hydrogène, et en général à l'égard de tous les corps simples ou composés.

Ainsi qu'on l'a dit plus haut, j'emploie ordinairement, comme *signes de la double décomposition*, la virgule ou l'accolade par lesquelles je sépare les radicaux d'un corps. Ces signes deviennent inutiles lorsque les radicaux sont simples, comme dans l'acide chlorhydrique ou dans le gaz chlore. Quelquefois cependant, lorsqu'un corps, comme l'eau ou l'ammoniaque, renferme plusieurs atomes d'un même radical simple, l'accolade peut aussi être d'un emploi avantageux pour l'intelligence des réactions. Pour indiquer qu'un radical renferme les éléments des deux autres radicaux, ou qu'il a lui-même subi une double décomposition ayant eu pour effet de remplacer un de ses éléments par un autre élément ou par un groupe d'éléments, on peut se servir de la parenthèse comme dans les formules suivantes :

$$O \left\{ \begin{matrix} C^7H^4(NO^2)O \\ H \end{matrix} \right. \qquad\qquad Cl,As(C^2H^5)^2$$

Acide nitro-benzoïque. Chlorure d'arsénéthyle.

Je n'insisterai pas sur ces signes que chacun peut varier à son gré, suivant les convenances typographiques pourvu qu'on leur donne toujours un sens précis.

UN MÊME CORPS PEUT AVOIR PLUSIEURS FORMULES RATIONNELLES

La double décomposition étant la forme de réaction la plus fréquente en chimie, peut-être même la forme générale de toutes les métamorphoses, on conçoit que nous la choisissions, de préférence à toutes les autres, pour la construction de nos formules rationnelles. Ce choix permet d'ailleurs le maintien de l'ancienne nomenclature dualistique et l'application de cette nomenclature aux composés organiques.

Mais ici se présente un point sur lequel je ne saurais appeler l'attention avec assez d'insistance. La formule rationnelle d'un corps, étant une fois donnée, est-elle immuable? ou, en d'autres termes, chaque corps n'a-t-il qu'une seule formule rationnelle?

Que des substances peu complexes, comme les acides, les bases et les sels de la chimie minérale, renfermant dans leur molécule un petit nombre d'atomes seulement, soient exprimées par une seule formule rationnelle, rien de plus naturel. Un composé de deux ou trois atomes simples comme l'acide chlorhydrique ou le sulfure de potassium, n'a pas deux manières de faire la double décomposition. Mais, si le nombre des atomes est plus élevé dans une molécule, il est évident que les doubles décompositions dont elle est susceptible peuvent également être plus nombreuses. Cela est surtout vrai pour les matières organiques. Lorsqu'une semblable matière est mise en présence de différents agents capables de lui faire subir la double décomposition, il arrive souvent qu'elle ne leur présente pas à chacun le même côté pour l'attaque; la double décomposition peut alors s'effectuer dans des sens différents. Une matière organique qui se comporte ainsi peut donc être représentée par plusieurs formules rationnelles.

L'essence d'amandes amères, par exemple, se comporte dans beaucoup de réactions comme l'hydrure du radical benzoïle :

$$H,C^7H^5O.$$

Cette formule veut dire que l'essence d'amandes amères est à l'acide benzoïque ou oxyde de benzoïle ce que le gaz hydrogène est à l'eau, ou qu'elle est au chlorure de benzoïle ce que le gaz hydrogène est à l'acide chlorhydrique. Elle correspond aux réaction suivantes : le contact de l'air convertit l'essence en acide benzoïque ; le chlore transforme l'essence en chlorure de benzoïle ; l'hydrure de cuivre et le chlorure de benzoïle produisent de l'essence :

$$H^2 \left\{ \begin{matrix} C^7H^5O \\ C^7H^5O \end{matrix} \right. + OO = O \left\{ \begin{matrix} C^7H^5O \\ C^7H^5O \end{matrix} \right. + OH^2.$$

2 mol. essence d'amandes am. — Ac. benzoïque Anhyd.

$$H,C^7H^5O + ClCl = Cl,C^7H^5O + ClH.$$

Ess. d'am. am. — Chlor. de benzoïle.

$$Cl,C^7H^5O + HCu^2 = H,C^7H^5O + ClCu^2.$$

Chlor. de benz. — Ess. d'am. am.

Mais, dans d'autres cas, la double décomposition, au lieu de s'effectuer sur un atome d'hydrogène de l'essence, porte sur l'oxygène de ce corps ; l'essence se comporte alors comme un oxyde et non comme un hydrure. Telle est l'action de l'ammoniaque, de l'aniline, de l'hydrogène sulfuré, etc., sur l'essence d'amandes amères :

$$N^2 \left\{ \begin{matrix} H^3 \\ H^3 \end{matrix} \right. + 3O \left\{ \begin{matrix} C^7H^5 \\ H \end{matrix} \right. = N^2 \left\{ \begin{matrix} (C^7H^5)^3 \\ H^3 \end{matrix} \right. + 3O \left\{ \begin{matrix} H \\ H \end{matrix} \right.$$

2 mol. ammoniaque. — 3 mol. ess. d'am. am. — Hydrobenzamide.

$$N \left\{ \begin{matrix} C^6H^5 \\ H \\ H \end{matrix} \right. + O \left\{ \begin{matrix} C^7H^5 \\ H \end{matrix} \right. = N \left\{ \begin{matrix} C^6H^5 \\ C^7H^5 \\ H \end{matrix} \right. + O \left\{ \begin{matrix} H \\ H \end{matrix} \right.$$

Aniline. — Ess. d'am. am. — Benzoïlanilide.

Plus la composition d'un corps est compliquée, plus évidemment sont nombreux les points d'attaque qu'il peut offrir aux agents chimiques ; de là plusieurs formules rationnelles pour un semblable corps ; en vertu de ce principe, l'essence d'amandes amères représente donc à la fois l'hydrure du radical C^7H^5O et l'oxyde du radical C^7H^5.

Voici un autre exemple qui conduit à la même conclusion. D'après les belles recherches de M. Bunsen, le cacodyle représente le métal d'une série nombreuse de combinaisons appelées oxyde de cacodyle, sulfure de cacodyle, nitrate de cacodyle, etc. Mais ce même cacodyle représente aussi le terme arséniure dans la série des combinaisons appelées oxyde de méthyle, sulfure de méthyle, nitrate de méthyle. Suivant les réactions qu'on a en vue, c'est-à-dire suivant les composés auxquels on veut rapporter le cacodyle, on pourra le représenter par la formule d'un métal [1] (cacodylure de cacodyle),

$$As(CH^3)^2, As(CH^3)^2.$$

où par la formule d'un arséniure (arséniure de méthyle),

$$As^2 \left\{ \begin{matrix} (CH^3)^2 \\ (CH^3)^2. \end{matrix} \right.$$

Citons encore un troisième exemple. L'acide cyanique, les cyanates métalliques, les éthers cyaniques sont des oxydes du radical monatomique cyanogène ; l'acide sulfocyanhydrique est un sulfure du même radical :

Acide cyanique ou oxyde de cyanogène et d'hydrogène	$CHNO = O \left\{ \begin{matrix} Cy \\ H \end{matrix} \right.$
Cyanates métalliques ou oxydes de cyanogène et de métal	$CCMNO = O \left\{ \begin{matrix} Cy \\ M \end{matrix} \right.$
Éther cyanique ou oxyde de cyanogène et d'éthyle	$C(C^2H^5)NO = O \left\{ \begin{matrix} Cy \\ C^2H \end{matrix} \right.$
Acide sulfocyanhydrique ou sulfure de cyanogène et d'hydrogène. . .	$CHNS = S \left\{ \begin{matrix} Cy \\ H. \end{matrix} \right.$

Ces formules rationnelles signifient que les corps précédents présentent des doubles décompositions dans lesquelles le radical Cy=CN s'échange pour d'autres radicaux, ou qu'ils résultent de semblables doubles décompositions. Elles disent encore que l'acide cyanique et l'acide sulfocyanhydrique sont au corps appelé *chlorure de cyanogène* ce que l'eau et l'hydrogène sulfuré sont à l'acide chlorhydrique, etc.

Mais les mêmes composés cyaniques résultent aussi de doubles décompositions, ou présentent des doubles décompositions qui ne portent pas sur le radical CN, mais sur le radical CO des combinaisons carboniques ou sur le radical CS des combinaisons sulfocarboniques. Ainsi l'acide cyanique et l'eau se décomposent en acide carbonique et en ammoniaque; la potasse transforme l'éther cyanique en carbonate

1. Radical dans l'ancienne théorie.

et en éthylamine; l'acide sulfocyanhydrique résulte de la réaction de l'ammoniaque et du sulfure de carbone. Il est donc tout aussi rationnel de représenter les composés cyaniques dont nous parlons comme les azotures des radicaux biatomiques carbonyle CO et sulfocarbonyle CS;

Acide cyanique ou azoture de carbonyle et d'hydrogène. . . . . . . $CHNO = N\left\{\begin{matrix}CO\\H\end{matrix}\right.$

Cyanates métalliques ou azotures de carbonyle et de métal. . . . . . $CMNO = N\left\{\begin{matrix}CO\\M\end{matrix}\right.$

Éther cyanique ou azoture de carbonyle et d'éthyle . . . . $C(C^2H^5)NO = N\left\{\begin{matrix}CO\\C^2H^5\end{matrix}\right.$

Acide sulfocyanhydrique ou azoture de sulfocarbonyle et d'hydrogène . $CHNS = N\left\{\begin{matrix}CS\\H.\end{matrix}\right.$

Ces formules disent, par exemple, que l'acide cyanique est à l'ammoniaque ce que l'acide carbonique est à l'eau, etc. Les doubles décompositions d'où résultent les combinaisons cyaniques par la métamorphose des combinaisons carboniques, ou qui donnent des combinaisons carboniques par la métamorphose des composés cyaniques, peuvent donc s'exprimer ainsi :

$$N\left\{\begin{matrix}CO\\H\end{matrix}\right. + O\left\{\begin{matrix}H\\H\end{matrix}\right. = N\left\{\begin{matrix}H\\H\\H\end{matrix}\right. + O,CO$$

Ac. cyanique. Eau. Ammon. Ac. carb.

$$N\left\{\begin{matrix}CO\\C^2H^5\end{matrix}\right. + O^2\left\{\begin{matrix}H^2\\K^2\end{matrix}\right. = N\left\{\begin{matrix}H\\H\\C^2H^5\end{matrix}\right. + O^2\left\{\begin{matrix}CO\\K^2\end{matrix}\right.$$

Éther cyanique. 2 mol. hydrate de potasse. Éthylamine Carbonate de potasse.

$$N\left\{\begin{matrix}H\\H\\H\end{matrix}\right. + S,CS = N\left\{\begin{matrix}CS\\H\end{matrix}\right. + S\left\{\begin{matrix}H\\H\end{matrix}\right.$$

Ammoniaque. Sulfure de carbone. Ac. sulfocyanhydrique. Hydrogène sulfuré.

Le principe qu'*un seul et même corps peut avoir deux ou plusieurs formules rationnelles* sera sans doute contesté par les chimistes qui prétendent représenter par les formules chimiques la constitution absolue des molécules; il ne saurait, au contraire, être nié par ceux qui, comme moi, ne voient dans les formules qu'une manière de concréter certains rapports de composition et de décomposition. Je dis plus : en immobilisant en quelque sorte un corps dans une seule formule, on se cache souvent à soi-même des relations chimiques dont une autre formule donne immédiatement la perception ; en se bornant, par exemple, à représenter l'acide cyanique comme un oxyde de cyanogène, on ne rappelle à l'esprit que les relations qui rattachent ce corps à l'acide cyanhydrique, au cyanogène, aux cyanates, aux cyanures, au chlorure de cyanogène, etc., tandis qu'on écarte de la pensée l'acide carbonique, la carbonamide, l'urée, l'oxychlorure de carbone, tous corps qui sont aussi intimement liés à l'acide cyanique que l'acide succinique, la succinamide, le chlorure de succinyle le sont à la succinimide ; si l'acide cyanique nous était connu sans le cyanogène et les cyanures, les chimistes l'appelleraient évidemment *carbonimide*.

J'appelle *système de double décomposition* chacune des formules rationnelles par lesquelles on peut exprimer un corps au point de vue des échanges dont il est susceptible : l'essence d'amandes amères, le cacodyle, l'acide cyanique offrent deux systèmes de double décomposition.

Il peut sans doute y avoir des inconvénients dans cette application de plusieurs formules rationnelles à un seul et même corps ; ainsi elle entraîne la nécessité de l'appeler de plusieurs noms différents ; l'acide cyanique sera donc aussi bien l'oxyde de cyanogène et d'hydrogène que l'azoture de carbonyle et d'hydrogène. Mais comme notre nomenclature actuelle est basée sur les doubles décompositions, on ne peut pas faire autrement que d'adopter ces deux dénominations, d'un sens d'ailleurs précis, à moins de changer entièrement le principe de la nomenclature, ce qui, dans l'état de la science, ne me paraît guère possible. Au reste, si l'on procède systématiquement dans la construction des formules rationnelles, si on les relie entre elles en les rapportant à certaines formules types, l'inconvénient qui peut résulter de leur multiplicité se trouve en grande partie écarté. Dans ma manière de noter, je n'ai besoin que de deux formules pour certains corps (aldéhydes, acétones, amides), une seule me suffit pour la plupart des autres corps ; l'état actuel de nos connaissances ne comporte pas un plus grand nombre de formules rationnelles, qui se trouvent d'ailleurs limitées par le choix des formules-types auxquelles elles sont rapportées.

UNITÉ DE MOLÉCULE, TYPES DE DOUBLE DÉCOMPOSITION. VALEURS DES SYMBOLES

Il ne suffit pas, pour l'étude raisonnée de la chimie, de préciser le sens des formules rationnelles, en les rapportant toutes à une réaction type, et de prendre pour cela, comme je le propose, la double décomposition, parce qu'elle est la forme la plus ordinaire des métamorphoses minérales et organiques ; il faut aussi faire choix d'une *unité de molécule*, susceptible de la double décomposition, et dériver de cette unité les formules de tous les autres corps. De même, après avoir formulé tous les corps d'après cette unité, il faut encore les classer méthodiquement, suivant leur ressemblance plus ou moins grande, en un certain nombre de groupes pour lesquels on choisit des termes de comparaison pris eux-mêmes parmi l'unité de molécule ou ses plus proches dérivés ; on établit ainsi des *formules types* qui facilitent singulièrement l'intelligence des réactions.

Quant à l'unité de molécule, il n'est pas de corps qui convienne mieux à ce choix que l'*eau*, dont les éléments, si dissemblables par leurs aptitudes chimiques, interviennent dans le plus grand nombre des réactions connues. On pourrait sans doute prendre tout autre corps pour unité, mais on n'en choisirait certainement pas d'un usage plus commode.

Je représente la molécule de l'eau par OH^2, le poids de chaque H étant $= 1$, et celui de $O = 16$. La plupart des chimistes écrivent OH, d'autres notent O^2H^2 (valeur de $H = 1$, de $O = 8$).

Il y a deux points à considérer dans la notation OH^2 : le premier est relatif au nombre des atomes d'hydrogène qu'elle admet dans l'eau ; le second concerne le poids moléculaire qu'elle suppose aux composés dérivant de l'eau par la substitution d'un autre radical hydrogène.

Pour ce qui est du premier point, sans compter que la notation OH^2 a l'avantage de rappeler la composition de l'eau en volumes, elle est d'accord avec ce fait général en chimie organique que *chaque radical monatomique*[1] *a deux oxydes*, l'un représentant une molécule d'eau dont un

1. Radical qui est l'équivalent d'un atome d'hydrogène.

seul volume ou atome d'hydrogène est remplacé par l'équivalent d'un autre radical, l'autre représentant une molécule d'eau dont les deux volumes ou atomes d'hydrogène sont remplacés par ce radical :

Une molécule d'eau (2 volumes) :

$$O \left\{ \begin{matrix} H \\ H \end{matrix} \right.$$

Oxydes du radical éthyle :

$$O \left\{ \begin{matrix} C^2H^5 \\ H \end{matrix} \right. \qquad O \left\{ \begin{matrix} C^2H^5 \\ C^2H^5 \end{matrix} \right.$$

Alcool (2 vol.). Éther (2 vol.).

Oxydes du radical acétyle :

$$O \left\{ \begin{matrix} C^2H^3O \\ H \end{matrix} \right. \qquad O \left\{ \begin{matrix} C^2H^3O \\ C^2H^3O \end{matrix} \right.$$

Acide acétique hydraté (2 vol.). Acide acétique anhydre (2 vol.).

Une notation semblable s'applique aux oxydes métalliques : un poids de 39 potassium = K étant l'équivalent de 1 d'hydrogène = H, c'est-à-dire pouvant remplacer cette quantité par double décomposition, j'écris de la manière suivante l'oxyde de potassium et l'hydrate de potasse :

Oxydes du radical potassium :

$$O \left\{ \begin{matrix} K \\ H \end{matrix} \right. \qquad O \left\{ \begin{matrix} K \\ K \end{matrix} \right.$$

Hydrate de potasse. Oxyde de potassium.

Le second point par lequel ma notation diffère essentiellement de la notation ancienne, c'est que, OH^2 représentant l'unité de molécule, j'admets que la molécule de beaucoup de corps, c'est-à-dire la quantité la plus petite possible qui, pour ces corps, intervienne dans les réactions, ne pèse que la moitié du poids qu'on lui attribue généralement. Dans mon opinion, la molécule de l'alcool est donc C^2H^6O, et non $C^4H^{12}O^2$; celle de l'acide acétique est $C^2H^4O^2$, et non $C^4H^8O^4$, etc. ; si l'on écrit la molécule de l'eau OH^2, il faut, selon moi, dédoubler les formules d'un grand nombre de substances pour qu'elles soient correctes. Plusieurs chimistes, à qui ce point semble aujourd'hui parfaitement avéré, préfèrent maintenir les formules des corps que je dédouble, pour doubler au contraire la formule de l'eau, en écrivant O^2H^4 : cela revient sans doute au même ; mais ces chimistes, pour rester conséquents, devront aussi doubler les formules de tous les oxydes, sulfures, sulfates, carbonates, oxalates, etc., et je ne vois pas trop quel avantage peut offrir l'emploi de ces formules doubles.

Quelles sont les preuves, me demandera-t-on, sur lesquelles je fonde la nécessité de dédoubler beaucoup de formules, notamment celle des alcools, des aldéhydes, des hydrocarbures et d'un grand nombre d'acides et de leurs sels, la molécule de l'eau étant représentée par OH^2 ? Ces preuves sont tirées des fonctions chimiques de ces corps, ainsi que de leurs propriétés physiques.

En voici quelques-unes. Lorsque l'on compare à l'état de vapeur, *sous le même volume*, la composition des corps volatils qui dérivent des acides organiques ou minéraux, notamment la composition de leurs éthers neutres et de leurs chlorures, on trouve précisément les quantités qui correspondent à celles que j'admets comme l'expression des molécules de ces acides. Ainsi dans mon opinion, si la molécule de l'acide sulfurique est représentée par SH^2O^4, la molécule de l'acide acétique sera $C^2H^4O^2$, c'est-à-dire l'ancienne formule dédoublée :

Une molécule d'acide sulfurique. . . $SH^2O^4 = O^2 \left\{ \begin{array}{l} SO^2 \\ H^2 \end{array} \right.$

Une molécule d'acide acétique . . . $C^2H^4O^2 = O \left\{ \begin{array}{l} CH^{23}O \\ H \end{array} \right.$

On a en effet :

Volumes égaux (2 vol.). $\left\{ \begin{array}{l} \text{de sulfate de méthyle. } O^2 \left\{ \begin{array}{l} SO^2 \\ (CH^3)^2 \end{array} \right. \\ \text{d'acétate de méthyle . } O \left\{ \begin{array}{l} C^2H^3O \\ CH^3 \end{array} \right. \end{array} \right.$

Volumes égaux (2 vol.). $\left\{ \begin{array}{l} \text{de chlorure sulfurique. } Cl^2,SO^2 \\ \text{de chlorure acétique. . } Cl,C^2H^3O. \end{array} \right.$

Toute la question des acides polybasiques est comprise dans cette nécessité de dédoubler la formule de l'acide acétique, celle de l'acide sulfurique étant maintenue : l'acide sulfurique, en effet, est un acide bibasique, tandis que l'acide acétique est un acide monobasique, tout comme l'acide phosphorique est un acide tribasique. Cette question a été développée ailleurs avec plus de détails.

La composition et la basicité des acides conjugués conduisent à la même conclusion. On verra plus loin que, si l'on prend une matière organique quelconque et qu'on y fasse agir l'acide sulfurique et l'acide nitrique, la quantité la plus petite possible d'acide sulfurique intervenant dans la réaction est toujours SH^2O^4, tandis que la quantité la plus petite possible d'acide nitrique est toujours NHO^3, c'est-à-dire l'ancienne formule dédoublée : c'est que l'acide nitrique est également un acide monobasique, comme l'acide acétique. Si, de plus, on considère la basicité des acides conjugués tels que l'acide sulfobenzoïque, l'acide nitro-cinnamique, l'acide sulfo-acétique, on la trouve soumise à une loi constante, qui ne devient évidente qu'autant qu'on représente, comme moi, la molécule de l'acide acétique, de l'acide nitrique, de l'acide cinnamique, de l'acide benzoïque, etc., par la moitié des formules qui leur sont attribuées dans l'ancienne théorie.

Non seulement la densité à l'état de vapeur des corps qui, comme les éthers neutres ou les chlorures d'acides, sont entièrement analogues sous le rapport des fonctions chimiques, vient à l'appui du dédoublement que ma notation fait subir aux formules d'un grand nombre de corps; d'autres caractères physiques, tels que le point d'ébullition, le volume spécifique, etc., justifient aussi ce dédoublement. Qu'on lise à ce sujet les excellents travaux de M. Hermann Kopp [1], et l'on y verra que les alcools, les éthers, les acides gras volatils présentent des régularités parfaites dans leurs points d'ébullition, régularités qui ne se conçoivent qu'autant qu'on dédouble la formule de l'alcool, celle de l'éther étant conservée, ou qu'on dédouble la formule de l'acide acétique hydraté, celle de l'acide acétique anhydre étant maintenue. La considération des volumes spécifiques a conduit M. Kopp aux mêmes résultats. Des régularités semblables viennent d'être observées par M. Wurtz dans les propriétés physiques des métaux organiques (des soi-disant radicaux) correspondant aux alcools : là aussi on constate, entre les densités et

1. M. Will a publié des rapprochements fort intéressants sur les même questions ; *Ann. der Chem. u. Pharm.*, XCI, 257.

les points d'ébullition, des relations entièrement régulières, dont on ne peut se rendre compte qu'en écrivant, comme moi, les molécules du méthyle, de l'éthyle, etc. (la molécule de l'eau étant OH^2), par les formules $C^2H^6 = CH^3,CH^3$, et $C^4H^{10} = C^2H^5,C^2H^5$, c'est à-dire par des formules doubles de celles qu'attribuent à ces corps les anciennes théories.

Après avoir adopté la formule de l'eau comme unité de molécule[1], il s'agit de montrer comment on en dérive les autres corps, et quelles sont les formules types qu'il convient de choisir pour y rapporter toutes les formules chimiques.

En disant : Tel corps dérive du type eau, ou représente de l'eau dont le radical oxygène ou le radical hydrogène est remplacé par tel autre radical, je n'entends pas exprimer la manière dont les éléments sont arrangés dans le corps auquel cette comparaison est appliquée ; je crois avoir suffisamment précisé le sens que j'attribue aux formules chimiques pour qu'on ne puisse pas se méprendre à cet égard. Quelques chimistes, cependant, saisissent mal ma pensée, supposent à mes types la même signification qu'aux types moléculaires sur lesquels M. Dumas a développé, il y a longtemps déjà[2], des spéculations fort ingénieuses ; mais je dois réclamer contre cette assimilation, quelque précieux qu'un si haut patronage puisse être pour le succès de mes vues ; car, à la vérité, il n'y a de semblable que le nom emprunté à la langue vulgaire, et mes types signifient tout autre chose que les types de M. Dumas, ceux-ci se rapportant à l'arrangement supposé des atomes dans les corps, arrangement qui, dans mon opinion, est inaccessible à l'expérience.

Mes types sont des types de double décomposition. — L'eau, dans une infinité de doubles décompositions, peut échanger son oxygène et son hydrogène pour d'autres éléments (radicaux simples) ou pour des groupes d'éléments (radicaux composés). Or je rapporte les corps au type eau, lorsqu'on peut opérer sur eux de semblables échanges, et que les produits de ces échanges présentent entre eux des

1. J'appelle *méthode unitaire* l'ensemble des principes que j'applique à l'étude de la chimie, et qui sont basés sur le choix d'une unité de molécule et d'une unité de réaction pour la comparaison des fonctions chimiques des corps.

2. Dumas, *C. R. de l'Ac. des Sc.*, X, 149.

relations chimiques semblables à celles qui existent entre les produits résultant de la substitution d'autres radicaux à l'un des radicaux de l'eau. Je dérive, par exemple, l'éther du type eau, parce qu'on peut, par double décomposition, remplacer dans l'éther l'oxygène par son équivalent de chlore, de brome, de soufre ou d'azote, pour former le chlorure d'éthyle, le bromure d'éthyle, le sulfure d'éthyle ou l'azoture d'éthyle (éthylamine), et que les produits de ces échanges sont entre eux dans les mêmes rapports chimiques que le chlorure d'hydrogène, le bromure d'hydrogène, le sulfure d'hydrogène et l'azoture d'hydrogène (ammoniaque), résultant de la substitution des radicaux chlore, brome, soufre et azote, au radical oxygène de l'eau. Voici ce que j'entends dire par rapports chimiques semblables. Les réactions qu'offre un corps, les transformations, les doubles décompositions dont il est susceptible, ne sont pas fortuites ; elles sont au contraire liées entre elles par la plus étroite solidarité, et chacun sait que la connaissance d'une seule réaction suffit souvent pour la prévision de beaucoup d'autres. Or, sachant que le type eau ou oxyde d'hydrogène donne, avec certains réactifs, du chlorure d'hydrogène, si l'expérience m'apprend également que l'éther ou oxyde d'éthyle se transforme, par une réaction semblable, en chlorure d'éthyle, je fais dériver l'éther du type eau, car la solidarité des réactions m'indique l'existence d'un bromure d'éthyle, d'un sulfure d'éthyle, et la possibilité de produire ces composés avec des réactifs analogues à ceux qui donnent les termes correspondants à radical hydrogène. Si l'on obtient, par exemple, du chlorure d'hydrogène avec l'eau et le perchlorure de phosphore, du bromure d'hydrogène avec l'eau et le perbromure de phosphore, du sulfure d'hydrogène avec l'eau et le persulfure de phosphore, et que, d'un autre côté, on produise du chlorure d'éthyle avec l'éther et le perchlorure de phosphore[1], du bromure d'éthyle avec l'éther et le perbromure de phosphore, du sulfure d'éthyle avec l'éther et le persulfure de phosphore, je dis que le chlorure d'éthyle, le bromure d'éthyle et le sulfure d'éthyle sont entre eux dans les mêmes relations chimiques que le chlorure d'hydrogène,

1. Dans un tube fermé.

le bromure d'hydrogène et le sulfure d'hydrogène. Les composés cités à radical éthyle sont donc les termes qui, sous le rapport de la composition et des échanges dont ils sont susceptibles, correspondent chimiquement aux termes mentionnés à radical hydrogène.

Sans doute ce n'est pas toujours dans les mêmes circonstances et par l'emploi des réactifs identiquement les mêmes qu'on produit les termes qui se correspondent; car la température et la pression auxquelles on opère, l'état, la volatilité, la solubilité, la masse des corps mis en présence sont autant de conditions qui influent sur les réactions chimiques, d'une manière variable, et d'après des lois qui nous sont encore inconnues. Néanmoins on ne saurait, ce me semble, se méprendre sur le sens que j'attache au mot *type* : en dérivant un corps du type eau, j'entends exprimer qu'à ce corps considéré comme oxyde, il correspond un chlorure, un bromure, un sulfure, un azoture, etc., susceptibles de doubles décompositions, ou résultant de doubles décompositions analogues à celles que présentent l'acide chlorhydrique, l'acide bromhydrique, l'hydrogène sulfuré, l'ammoniaque, etc., ou qui donnent lieu à ces mêmes composés. Le type est donc l'unité de comparaison pour tous les corps qui, comme lui, sont susceptibles d'échanges semblables ou résultent d'échanges semblables. Comme toute double décomposition n'est, en définitive, que l'interprétation en langage chimique d'une équation renfermant quatre termes, on peut dire qu'un type est le terme constant auquel équivaut un corps dans une série de semblables équations [1].

Pour dériver un corps du type eau, il faut connaître au moins une réaction dans laquelle ce corps se transforme par double décomposition, ou dans laquelle il se produit par double décomposition. On trouve ainsi quels sont les *radicaux* de ce corps, susceptibles d'être transportés, dans ces échanges, à la place du radical hydrogène ou du radical oxygène de l'eau.

En procédant ainsi sur tous les corps de la chimie, et en réunissant par groupes les corps qui offrent entre eux cer-

1. Dans l'exemple cité plus haut, la benzamide est rapportée au type ammoniaque, qui est le terme constant dans les trois équations indiquées.

taines ressemblances sous le rapport de leur aptitude à subir la double décomposition, ou sous le rapport de leur mode de formation par double décomposition, on arrive à ce résultat que les corps qui se ressemblent le plus ont toujours un radical commun. Ainsi les oxydes qui dérivent de l'eau par la substitution d'un autre radical au radical hydrogène, et qui ont de commun le radical oxygène, les oxydes, dis-je, se ressemblent entre eux plus qu'ils ne ressemblent aux corps contenant des radicaux autres que l'oxygène ; de même, si le radical oxygène de l'eau est remplacé par le radical chlore, comme dans les chlorures où le radical chlore est commun, on trouve que ceux-ci se ressemblent entre eux plus qu'ils ne ressemblent aux oxydes ou, en général, aux corps renfermant des radicaux autres que le radical chlore, etc.

D'après cela, pour faciliter la classification des corps selon leurs fonctions, on peut, au lieu de prendre l'eau seulement pour formule type, y joindre, comme types dérivés, des composés qui résultent de la substitution du radical oxygène de l'eau, tels que le chlorure d'hydrogène, l'azoture d'hydrogène, etc., pourvu qu'on précise au préalable comment ces derniers types dérivent du type eau. L'étude des composés organiques, comme on le verra plus loin, prouve que les quatre types eau, acide chlorhydrique, ammoniaque, hydrogène suffisent pour une classification méthodique. Ces *quatre formules types* se notent de la manière suivante :

Eau.	OH^2	volumes égaux.
Acide chlorhydrique	ClH	
Ammoniaque	NH^3	
Hydrogène.	HH	

Le type eau comprend les oxydes (bases, acides, sels, alcools, etc.), les sulfures, les séléniures et les tellurures.

Le type acide chlorhydrique comprend les chlorures, les fluorures, les bromures, les iodures et les cyanures.

Le type ammoniaque comprend les azotures et les phosphures.

Le type hydrogène comprend les hydrures métalliques et les métaux (arséniures, antimoniures, etc.).

Les observations suivantes justifieront la notation que j'ai adoptée pour chacun de ces types.

La molécule de l'eau, comme on sait, se compose de 1 volume d'oxygène et de 2 volumes d'hydrogène ; la formule OH^2 représente 2 volumes de vapeur. Cette notation est préférable à la formule OH, parce qu'elle est conforme à ce fait que *chaque radical monatomique donne toujours deux dérivés du type eau*, c'est-à-dire forme deux oxydes. J'appelle dérivés *primaires* les oxydes où un seul volume ou atome d'hydrogène du type est remplacé par un autre radical, les bases hydratées et les acides hydratés en font partie. Les dérivés *secondaires* sont les oxydes où les 2 volumes ou atomes d'hydrogène du type sont remplacés par un autre radical ; ils comprennent, entre autres, les bases anhydres et les acides anhydres.

Parmi les corps qui peuvent être dérivés du type eau, le radical hydrogène de ce type étant remplacé par d'autres radicaux, il n'en est pas qui présentent des caractères plus tranchés, et, si l'on veut, plus opposés que les acides et les bases. On sait déjà, par les notions de chimie les plus élémentaires, que les acides n'ont en général presque pas de réaction entre eux, mais qu'ils réagissent énergiquement sur les bases ; que, de leur côté, les bases, entre elles sans action réciproque, produisent toujours un effet chimique sur les acides. Bien que cette distinction ne soit pas rigoureuse, puisqu'il existe une transition des acides aux bases [1], on peut néanmoins s'en servir comme élément de classification pour caractériser certains groupes de corps qui se ressemblent entre eux, plus qu'ils ne ressemblent à d'autres groupes ; il suffit d'ailleurs, pour plus de précision, de s'entendre sur le choix d'un acide-type et d'une base type, de prendre pour cela, par exemple, l'acide sulfurique et la potasse. Aussi convient-il de grouper les oxydes en oxydes *positifs*, c'est-à-dire renfermant des radicaux qui, étant substitués à l'hydrogène de l'eau, produisent des corps plus rapprochés comme propriétés de la potasse que de l'acide sulfurique ; et en oxydes *négatifs*, c'est-à-dire contenant des radicaux qui, étant subs-

1. Qu'on imagine les acides et les bases disposées sur une ligne droite comme les degrés dans l'échelle d'un thermomètre ; l'eau occupant le zéro d'une semblable échelle, s'il était possible d'y assigner une place précise à chaque acide et à chaque base, on dirait que l'acide sulfurique occupe tel degré au-dessous de zéro, la potasse tel degré au-dessus.

titués à l'hydrogène de l'eau, produisent des corps plus rapprochés de l'acide sulfurique que de la potasse. De semblables subdivisions sont à faire parmi les dérivés des autres types.

Si l'on suppose dans l'eau l'oxygène remplacé par son équivalent de soufre, on a la formule SH^2, représentant un volume d'hydrogène sulfuré (2 volumes) égal au volume de l'eau prise pour type. Cette formule est également conforme à l'existence de deux sulfures pour chaque radical monatomique (les sulfures primaires comprenant les composés nommés sulfhydrates). Il existe d'ailleurs une grande analogie entre les oxydes et les sulfures, de sorte qu'on peut faire des sulfures un groupe à part parmi les dérivés du type eau. Il en est de même des séléniures et des tellurures.

Pour remplacer dans l'eau l'oxygène par son équivalent de chlore, l'expérience prouve qu'il faut 2 volumes ou atomes de chlore pour 1 volume ou atome d'oxygène ; or l'acide chlorhydrique Cl^2H^2 (4 volumes), qui résulte de cette substitution, n'occupe pas, à l'état de gaz, le même volume que l'eau OH^2 ; de plus, l'étude des composés organiques prouve que *chaque radical monatomique ne donne qu'un seul chlorure*. Il est donc plus rationnel d'écrire le type des chlorures par la formule $1/2\,(Cl^2H^2) = ClH$ représentant 2 volumes, comme le type eau OH^2. En effet, tandis qu'il y a deux oxydes de potassium (oxyde et hydrate), deux oxydes d'éthyle (éther et alcool), deux oxydes d'acétyle (acide acétique hydraté et acide acétique anhydre), il n'y a qu'un seul chlorure de potassium, un seul chlorure d'éthyle, un seul chlorure d'acétyle.

Les fluorures, les bromures, les iodures, les cyanures, sont à dériver, par les mêmes raisons, du type acide chlorhydrique ClH.

Rien ne démontre mieux le dédoublement de la molécule de l'eau OH^2 (ou de l'hydrogène sulfuré SH^2), alors que l'oxygène (ou le soufre) vient à y être remplacé par son équivalent de chlore Cl^2, de brome Br^2 ou d'iode I^2, que l'étude comparative des réactions des acides organiques et des alcools avec le persulfure et le perchlorure de phosphore.

D'après les expériences récentes de M. Kékulé, les acides et les alcools donnent, avec le persulfure de phosphore, les sulfures correspondants ; ainsi :

$O \left\{ \begin{matrix} C^2H^3O \\ H \end{matrix} \right.$ donne $S \left\{ \begin{matrix} C^2H^3O \\ H \end{matrix} \right.$ sulfure d'acétyle et d'hydrogène (acide thiacétique).

$O \left\{ \begin{matrix} C^2H^5 \\ H \end{matrix} \right.$ donne $S \left\{ \begin{matrix} C^2H^5 \\ H \end{matrix} \right.$ sulfure d'éthyle et d'hydrogène (mercaptan).

Lorsqu'on fait agir le perchlorure de phosphore sur les mêmes acides ou alcools, la réaction est parfaitement identique ; seulement, outre les chlorures correspondants, on obtient toujours de l'acide chlorhydrique (Cahours) ; ainsi :

$O \left\{ \begin{matrix} C^2H^3O \\ H \end{matrix} \right.$ donne $\frac{Cl,C^2H^3O}{Cl,H}$ chlorure d'acétyle / chlorure d'hydrogène.

$O \left\{ \begin{matrix} C^2H^5 \\ H \end{matrix} \right.$ donne $\frac{Cl,C^2H^5}{Cl,H}$ chlorure d'éthyle / chlorure d'hydrogène.

Les faits suivants sont également caractéristiques. Suivant M. Frankland,

le zinc-éthyle au contact de l'oxygène donne. . . . . $O \left\{ \begin{matrix} C^2H^5 \\ Zn \end{matrix} \right.$ oxyde d'éthyle et de zinc.

le zinc-éthyle au contact du soufre donne . . . . $S \left\{ \begin{matrix} C^2H^5 \\ Zn \end{matrix} \right.$ sulfure d'éthyle et de zinc.

le zinc-éthyle au contact du chlore donne . . . . . . $\frac{Cl,C^2H^5}{Cl,Zn}$ chlorure d'éthyle / chlorure de zinc.

le zinc-éthyle au contact du brome donne. . . . . . . $\frac{Br,C^2H^5}{Br,Zn}$ bromure d'éthyle / bromure de zinc.

le zinc-éthyle au contact de l'iode donne . . . . $\frac{I,C^2H^5}{I,Zn}$ iodure d'éthyle / iodure de zinc.

On voit, par ces exemples, que, lorsque le radical oxygène est remplacé par son équivalent de chlore, de brome ou d'iode, il se produit toujours, par l'effet du dédoublement du type eau, deux corps qui sont complémentaires l'un de l'autre.

Pour remplacer dans l'eau le radical oxygène par son équivalent d'azote, l'expérience prouve qu'il faut $\frac{2}{3}$ de volume d'azote pour un volume d'oxygène ; or l'ammoniaque, résultant de cette substitution $N\frac{2}{3}H^2$ (1, 1/2 vol.), n'occupe pas le même volume que l'eau où elle a été faite ; de plus, il est également constant que *pour chaque radical monatomique il y a toujours trois azotures.* On est donc naturellement conduit à représenter le type des azotures par la formule $\frac{3}{2}\left(N\frac{2}{3}H^2\right) = NH^3$, représentant 2 volumes comme les types eau OH^2 et acide chlorhydrique ClH :

$N\left\{\begin{matrix} C^2H^5 \\ H \\ H \end{matrix}\right.$	$N\left\{\begin{matrix} C^2H^5 \\ C^2H^5 \\ H \end{matrix}\right.$	$N\left\{\begin{matrix} C^2H^5 \\ C^2H^5 \\ C^2H^5 \end{matrix}\right.$
Azoture d'éthyle d'hydrog. et d'hydrog. (2 vol. d'éthylamine).	Azoture d'éthyle d'éthyle et d'hydrog. (diéthylamine).	Azoture d'éthyle d'éthyle et d'éthyle (triéthylamine).

On peut appeler les azotures *primaires, secondaires et tertiaires*, suivant qu'ils représentent le type ammoniaque avec substitution de 1, de 2 ou de 3 atomes d'hydrogène. Les phosphures sont aussi à dériver du type ammoniaque.

Enfin, pour remplacer le radical oxygène, dans l'eau (ou plutôt dans un oxyde dérivé), par son équivalent d'hydrogène, l'expérience prouve encore qu'il faut employer 2 volumes ou atomes d'hydrogène pour 1 volume ou atome d'oxygène ; on a ainsi pour le gaz hydrogène H^2H^2 (4 vol.) ; ramené au même volume que les types précédents, il s'exprimera par $\frac{1}{2}(H^2H^2) = HH$. Or, de même que les oxydes donnent deux termes pour chaque radical monatomique, on trouve aussi toujours deux termes dans le type hydrogène, savoir, l'hydrure (correspondant à l'oxyde primaire) et le métal proprement dit (correspondant à l'oxyde secondaire) :

Métaux du radical éthyle.

H,C^2H^5 Hydrure d'éthyle (2 vol.)	C^2H^5, C^2H^5 Éthylure d'éthyle (2 vol.).

En chimie organique, la meilleure manière de définir un corps consiste à le mettre, en quelque sorte, en proportion avec trois autres corps connus. Si l'on dit, par exemple, le chlorure de benzoïle est à l'acide benzoïque ce que le chlorure de cyanogène est à l'acide cyanique, ou ce que le chlorure d'hydrogène (l'acide chlorhydrique) est à l'oxyde d'hydrogène (à l'eau), on donne une idée suffisante des relations chimiques du chlorure de benzoïle, les trois corps, bien entendu, avec lesquels on le met en proportion étant connus sous ce rapport. Or c'est là précisément l'usage auquel sont destinés les quatre corps types, l'eau, l'acide chlorhydrique, l'ammoniaque et l'hydrogène ; ils servent à mettre en proportion les composés organiques dont il s'agit de définir les fonctions chimiques, c'est-à-dire à résumer soit les doubles décompositions dont ils sont susceptibles, soit les doubles décompositions qui leur donnent naissance.

Un fait important découle des principes précédemment exposés, c'est que *les corps simples eux-mêmes doivent être notés comme des corps composés*. Il est aisé de le démontrer.

Partant de notre unité de molécule, je dis que, si la molécule de l'eau se représente par OH^2, la molécule du chlore libre, par exemple, est à noter Cl^2 ou plutôt ClCl, et non Cl ; dans la nomenclature usuelle, le chlore libre serait donc du chlorure de chlore.

D'abord, comme nous l'avons fait observer ailleurs, dans la plupart des réactions connues, le chlore libre intervient par Cl^2 ou par un multiple en nombre entier de Cl^2 ; cela semble donc déjà indiquer que la molécule, c'est-à-dire la plus petite quantité possible de chlore libre, intervenant dans les métamorphoses, renferme deux atomes de chlore, pouvant, bien entendu, se séparer dans certaines réactions, sans devenir libres isolément. Mais, comme il y a des cas où deux atomes de chlore réagissent sur deux molécules d'une matière organique, et qui pourraient, par conséquent, s'interpréter comme des réactions entre un atome de chlore et une seule molécule de matière organique, le fait cité peut ne pas paraître concluant, d'ailleurs il ne saurait être invoqué à l'appui des formules doubles de l'oxygène et du soufre libres, ces deux corps offrant précisément comme règle générale le cas particulier qui, pour le chlore, est sujet à deux interprétations.

Il faut donc chercher la preuve de la formule double du chlore libre ailleurs que dans les proportions d'après lesquelles il intervient dans les réactions. Cette preuve est nettement donnée par l'analogie complète qui existe sous le rapport des réactions entre le chlore libre et plusieurs corps composés. On sait que certains chlorures, notamment ceux dont les oxydes correspondants constituent des acides, ont la propriété de se transformer par les alcalis en un mélange de chlorure alcalin et de sel oxygéné à base d'alcali. Ainsi :

Le chlorure de benzoïle ClBz donne du chlorure et du benzoate.

Le chlorure de cyanogène ClCy donne du chlorure et du cyanate.

Le chlorure de brome ClBr donne du chlorure et du bromate.

Le chlorure d'iode ClI donne du chlorure et de l'iodate.

Le chlore libre ClCl donne du chlorure et du chlorate (ou de l'hypochlorite).

D'après ces réactions, il est incontestable que le chlore libre offre le même système de double décomposition que le chlorure de brome, le chlorure d'iode, le chlorure de cyanogène, le chlorure de benzoïle ; le chlore libre est à ces chlorures ce que l'acide chlorique est à l'acide bromique, à l'acide iodique, à l'acide cyanique, à l'acide benzoïque. Le gaz chlore est donc le chlorure du radical chlore au même titre que le chlorure de benzoïle est le chlorure du radical benzoïle ; et, si à ce radical benzoïle il correspond un oxyde (l'acide benzoïque) un hydrure (l'essence d'amandes amères), un azoture (la tribenzamide)[1], il correspondra au radical chlore un oxyde (l'acide hypochloreux), un hydrure (l'acide chlorhydrique), un azoture (le chlorure d'azote) :

Radical benzoïle C^7H^5O, équivalent de H.

Oxyde . . . . $O\left\{\begin{matrix}C^7H^5O\\ C^7H^5O\end{matrix}\right.$ acide benzoïque anhydre.

Chlorure . . . Cl, C^7H^5O, chlorure de benzoïle.

Hydrure . . . H, C^7H^5O, essence d'amandes amères.

Azoture. . . . $N\left\{\begin{matrix}C^7H^5O\\ C^7H^5O\\ C^7H^5O\end{matrix}\right.$ tribenzamide.

Radical chlore Cl, équivalent de H.

Oxyde. . . . . . $O\left\{\begin{matrix}Cl\\ Cl\end{matrix}\right.$ acide hypochloreux anhydre.

1. Je suppose ici, pour les besoins du raisonnement, l'existence de la tribenzamide analogue aux amides tertiaires que nous avons fait connaître, M. Chiozza et moi.

Chlorure	Cl Cl, chlore libre.
Hydrure.	H Cl, acide chlorhydrique.
Azoture.	$N \begin{cases} Cl \\ Cl \\ Cl \end{cases}$ chlorure d'azote.

On voit, d'après cela, que si l'on note le chlore libre, et en général les corps simples, d'après les mêmes principes que les corps composés en se basant sur l'unité de réaction que nous avons adoptée, on définit bien mieux la place occupée par les corps simples dans les séries chimiques, qu'en considérant les mêmes corps simples comme des espèces d'êtres privilégiés (les radicaux de l'ancienne théorie dualistique), comme des suzerains autour desquels les corps composés viendraient se grouper comme autant de vassaux. Puisque les formules chimiques n'expriment et ne peuvent exprimer que les rapports de composition et de réaction que les corps présentent entre eux, on précise évidemment mieux ces rapports en plaçant les corps élémentaires en qualité de simples termes dans les séries, en disant qu'ils en représentent le terme oxyde, le terme chlorure ou le terme azoture, etc., qu'en en faisant des êtres exceptionnels.

Ce que je dis du chlore s'applique aussi au soufre, à l'oxygène, et en général à tous les corps simples. Pour le soufre, par exemple, on a la série suivante :

Radical soufre S, équivalent de H^2.

Oxyde.	O S, acide hyposulfureux anhydre.
Sulfure	S S, soufre libre.
Hydrure.	H^2S, hydrogène sulfuré.
Chlorure.	Cl^2S, chlorure de soufre.

Le soufre libre est donc le sulfure correspondant à l'acide hyposulfureux, tout comme le sulfure de benzoïle est le sulfure correspondant à l'acide benzoïque. Le soufre libre offre le même système de double décomposition que le sulfure de benzoïle : avec du soufre libre et un alcali, on obtient un mélange de sulfure et d'hyposulfite (foie de soufre), avec du sulfure de benzoïle et un alcali on obtient un mélange de sulfure et de benzoate.

Voici pour l'azote :

Radical azote N, équivalent de H^3.

Oxyde.	$O^3 \left\{ \begin{matrix} N \\ N \end{matrix} \right.$	acide nitreux anhydre.
Hydrure.	H^3N,	ammoniaque.
Chlorure	Cl^3N,	chlorure d'azote.
Azoture.	N N,	azote libre.

On voit, par ces formules, que l'azote libre est l'azoture correspondant à l'acide nitreux, c'est-à-dire l'amide tertiaire de cet acide. Toutes les réactions le prouvent : avec l'hydrure d'azote (l'ammoniaque) et le chlorure d'azote[1] on obtient de l'azote libre et de l'acide chlorhydrique ; l'acide nitreux anhydre et l'azoture d'hydrogène donnent de l'azote libre et de l'eau, tout comme l'acide benzoïque anhydre et l'ammoniaque donnent de la benzamide et de l'eau ; l'acide nitreux et l'aniline donnent de l'azote et de l'acide phénique ; l'acide nitreux et la benzamide donnent de l'azote et de l'acide benzoïque.

En doublant la formule des corps simples, à l'état libre, en représentant la molécule du gaz chlore, du gaz oxygène, du gaz hydrogène, du gaz azote, etc., par les formules ClCl, OO, HH, NN, etc., je ne fais que généraliser un principe que j'ai le premier énoncé lors de la découverte des soi-disant radicaux des alcools par M. Frankland, savoir, que les formules CH^3 du méthyle, C^2H^5 de l'éthyle, C^5H^{11} de l'amyle, sont à doubler pour représenter la molécule de ces corps, qui, à proprement parler, devraient s'appeler méthylure de méthyle, éthylure d'éthyle, amylure d'amyle. La considération des densités de vapeur m'avait conduit à cette opinion ; bien des faits sont venus la confirmer depuis ; les propriétés si régulières des métaux mixtes (éthylure d'amyle, etc.), qui offrent le même système de double décomposition que les soi disant radicaux alcooliques, ne comportent pas d'autre interprétation ; le sens d'ailleurs que j'attache aux formules rationnelles justifie entièrement ma manière de voir.

1. Le dégagement de l'azote par l'ammoniaque et le chlore s'explique de la même manière :

$$3Cl\,Cl + H^3N = 3ClH + Cl^3N;$$
$$Cl^3N + H^3N = 3ClH + NN$$

La notation qui est basée sur l'adoption de l'eau OH^2 comme unité de molécule, et des formules types indiquées précédemment, exigent quelques modifications dans la *valeur des symboles* aujourd'hui adoptés par les chimistes.

Ces modifications portent principalement sur l'oxygène, le soufre, le sélénium, le tellure et le carbone.

Le poids atomique de l'hydrogène étant pris pour unité, et l'eau s'écrivant OH^2, il est évident que le poids atomique O devient 16, c'est-à-dire le double de la valeur qu'a le même signe de l'oxygène dans l'ancienne notation, où l'eau s'écrit OH. Il en est de même des poids atomiques du soufre S, du sélénium Se, et du tellure Te, qui deviennent respectivement 32, 80 et 128, au lieu de 16, 40 et 64.

L'oxyde de carbone et l'acide carbonique s'écrivant CO et CO^2, comme dans l'ancienne notation, le poids atomique C du carbone devient 12 au lieu de 6.

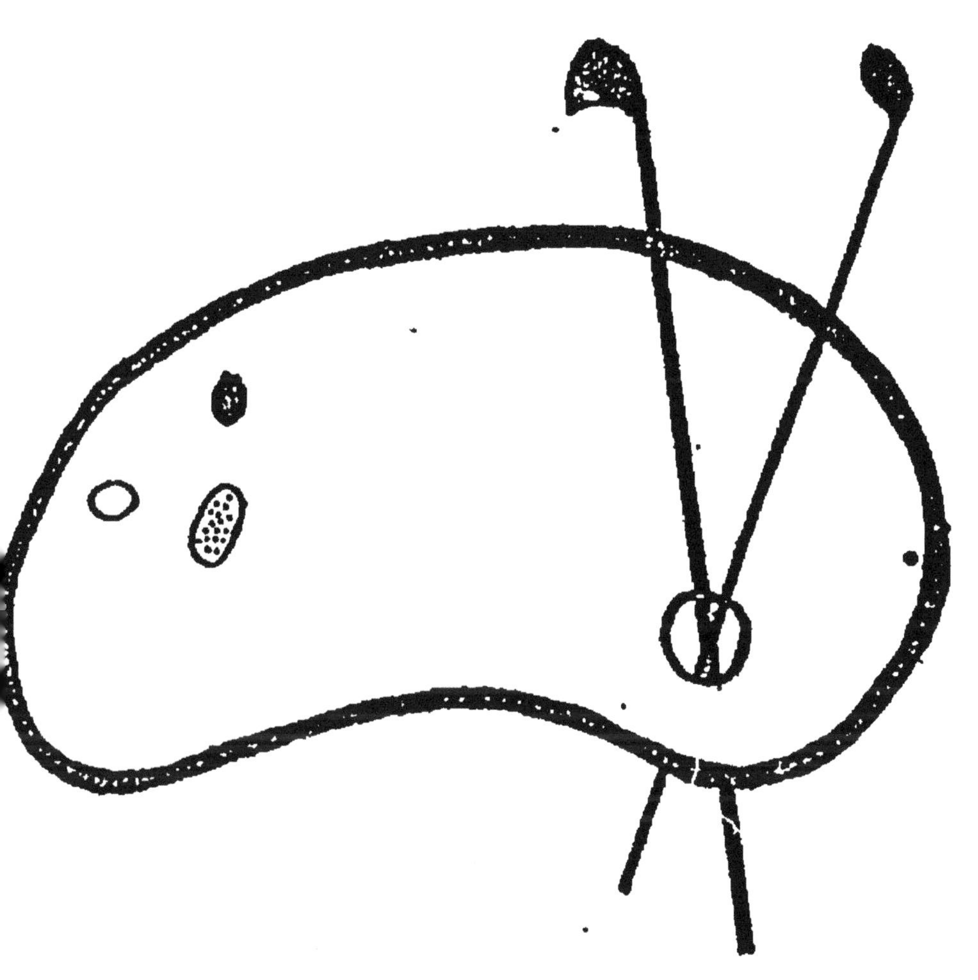

www.ingramcontent.com/pod-product-compliance
Ingram Content Group UK Ltd.
Pitfield, Milton Keynes, MK11 3LW, UK
UKHW021100200726
13857UKWH00003B/1034